植物战

U0588842

王贞虎 ◎著

天津出版传媒集团

天津教育出版社
TIANJIN EDUCATION PRESS

图书在版编目(CIP)数据

植物战争海陆空 / 王贞虎著. ——天津：天津教育
出版社,2015.1(2017年7月重印)

（植物秘闻馆）

ISBN 978-7-5309-7724-8

Ⅰ.①植… Ⅱ.①王… Ⅲ.①植物—青少年读物
Ⅳ.①Q94-49

中国版本图书馆 CIP 数据核字(2014)第 282137 号

植物战争海陆空　植物秘闻馆

出 版 人	刘志刚
作　者	王贞虎
选题策划	袁　颖
责任编辑	曾　萱
整体设计	张丽丽

出版发行	天津出版传媒集团 天津教育出版社(www.tjeph.com.cn) 天津市和平区西康路 35 号 邮政编码 300051
经　销	新华书店
印　刷	三河市燕春印务有限公司
版　次	2015 年 1 月第 1 版
印　次	2017 年 7 月第 3 次印刷
规　格	16 开(787×1092 毫米)
字　数	55 千字
印　张	7.25
定　价	26.00 元

目　录
contents

镜头三　防御动物

镜头四　生存大战

镜头一
扩张领土

人类为了扩张领土,千百年来,一直没有停止过战争;动物界的狮群为了争夺地盘,不惜展开血腥的厮杀。植物也一样,为了扩大领地,它们搞"空袭",埋"地雷",建"海军",上演了一出出没有硝烟的战争。本组镜头中,你会看到植物界的"霸王"如何怪招迭出,雄霸天下。

洋槐的"空袭"

◎ 洋槐

来到野外，如果你细心观察，会发现洋槐树下光秃秃的，几乎片草不存。洋槐树高高在上，独霸一方，微风一吹，沙沙作响，好像胜利后的将军嘲笑对手的不堪一击。

为什么生命力顽强的杂草会在洋槐树下成片死亡呢？原来，是洋槐为了占领地盘，扩大种族繁衍，对杂草实行了"空袭"。

洋槐又名刺槐，蝶形花科刺槐属，是落叶乔木，原产北美洲温带及亚热带，于1877年被引入我国，因适应性强，生长快，繁殖容易，用途广泛，而受到欢迎。

洋槐的叶片、豆荚和种子都有毒，尤其是茎皮内层的毒性最大。这种有毒物质具有挥发性，站在洋槐树下，你会闻到一股让人头晕的气味，这便是洋槐在施放毒气。

洋槐的毒性有季节性，树叶在七月和八月间的毒性要比树茎皮的毒性大，秋季则相反。人误食洋槐叶后会中毒，通常在一至两天后出现症状，发烧、舌头肿胀、皮下组织特别是下肢浮肿、便秘，就算过去七八天，仍有猩红热样的皮炎发生。小孩若误咀嚼洋槐的茎皮，则会出现呕吐、嗜睡、呆滞、瞳孔散大、惊厥、呼吸困难和心跳不规则等中毒症状。虽然因食入洋槐中毒的死亡案例不多，但一旦中毒恢复很慢,常需几天甚至几个星期才能痊愈。

◎ 被洋槐毒死的牛

各种动物中洋槐毒的情况也不相同。牛和马常因啃食洋槐的茎皮和嫩芽而中毒,羊则容易吃豆荚中毒,鸡则往往因误食树叶而中毒。马的中毒症状常常在几小时内发生,并以肠胃系统和神经系统为主症,厌食、呕吐、疝痛、腹泻、便血、水肿、体温上升、瞳孔散大、呼吸困难、面部麻痹、后肢无力以至麻痹等。其他动物中毒的症状跟马差不多。

洋槐把它的有毒物质释放到大气中,形成大气污染,还会使树下的小草被熏死。

其他如风信子、丁香花等植物,也都会利用有毒的挥发物质对其他昆虫或植物搞"空袭",保护自己。

· 小贴士 ·

有毒植物:植物广泛分布在自然界,是自然界不可缺少的一部分,它们给人类提供食物,同时自身也是重要的工业原料。它们与人们的生活息息相关。但是植物自身的化学成分复杂,其中有很多是有毒的物质,不慎接触到,可能会引发人或动物很多疾病甚至死亡。有毒植物全世界不下千种,按毒性成分可分为:1.腐蚀毒。指对机体局部有强烈腐蚀作用的毒物,如强酸、强碱及酚类等。2.实质毒。吸收后引发脏器组织病理损害的毒物,如砷、汞等。3.酶系毒。抑制特异性酶的毒物,如有机磷农药、氰化物等。4.血液毒。引起血液变化的毒物,如一氧化碳、亚硝酸盐及某些蛇毒等。5.神经毒。引起中枢神经障碍的毒物,如醇类、麻醉药、安定催眠药以及士的宁、古柯碱、苯丙胺等。

牛鞭草打击异类埋"地雷"

洋槐搞"空袭"抢地盘,有些植物则埋"地雷",把毒素通过根尖像地雷一样大量排放于土壤中,对其他异类植物的根系吸收能力大加抑制,从而将它们驱逐出境。

牛鞭草便是"地雷战"的高手。

牛鞭草别名牛仔草、铁马鞭,属禾本科多年生牧草,秆高1米左右,有长而横走的根茎,广泛分布于我国东北及华北、华东、华中等地,朝鲜、日本、俄罗斯等国也有分布。牛鞭草一般喜欢在河滩地及草地安家,冬季生长缓慢,夏季生长快。

在牛鞭草的周围,往往会有三叶草、山蚂蝗等豆科牧草混居,这让牛鞭草很是不爽。我们知道,豆科类植物往往凭借根部的根瘤菌自建"氮肥厂",生产可供身体营养的氮素肥料。牛鞭草"摸"清敌情后,于是找到对策,它在根部分泌酚类化合物,将豆科牧草的根瘤菌一举"爆破"。豆科牧草的根瘤菌本是一种细菌,而称为

◎ 成片牛鞭草

石炭酸的酚,则是医药上专门用来防腐杀菌的特效药。

失去"氮肥厂",断了"粮草",豆科牧草只得一天天忍受饥饿。久而久之,牧草地上,便只剩下牛鞭草称霸称王了。

桉树扩张领土建"海军"

桉树是世界上长得最高的树种之一,美国的一棵巨桉高度达156米,成为名副其实的参天大树。

为了扩张领地,清除异类植物,桉树竟组建"海军",利用降雨

◎ 紫云英

和露水这两个"水手",把挥发出的毒气溶于水中,形成"污染水",向周围的草本植物进军,而使对方中毒。

桉树是桃金娘科桉属植物,原产地绝大多数在澳洲大陆,少部分生长在邻近的新几内亚岛、印度尼西亚以及菲律宾群岛等地。19世纪才引种到世界各地,成为速生林的首选树种。

可是,桉树也是一种"霸王树"。引种后,在它生长的地段,几乎让"原住民"泥树、牛奶根、鸡屎藤、金银花等灌木和草本植物绝种。只要它一现身,其他物种就会"不战而退",大片大片的领地被桉树占领,最后弄得整个桉树林

的地表都是光秃秃的,连林中的动物也"望风而逃",因为其他植物的灭迹,动物们失去了食物来源,只得寻找新家。

为什么这些矮小植物会惧怕桉树"海军"的扫荡呢?秘密就在桉树的叶子里面。桉树叶里的桉精油有一种消毒杀菌的作用,而其他植物对这种油却非常敏感。

大自然中,组建"海军"的植物还有紫云英。紫云英是一种指示植物,落叶后,它叶面上的导致中毒元素——硒被雨淋入土中,再流向四周,就能毒死与它争抢山头的植物异种。

加拿大一枝黄花称霸"陆空双击"

有一种植物曾经很出名,叫加拿大一枝黄花,植株高 1.5 米至 3 米,繁殖力极强,传播速度快,与周围植物争阳光、争肥料、争地盘,可谓"我花开后百花杀"。这种花在河滩、荒地、公路两侧、空宅基地、征而待用的开发区时常能撞见,花海翻滚如烈焰过境,列阵森严似沙场点兵,对生物多样性构成了严重威胁,被称为"生态杀手""霸王花"。

是什么秘密武器能让加拿大一枝黄花横扫千军,独霸天下呢?

原来,加拿大一枝黄花的"陆空双击战术",让它所向披靡。

先来说说它的空中战术吧!

加拿大一枝黄花原产于北美,又名北美一枝黄花,是 20 世纪 30 年代首次引进我国的,最初在上海栽植,为菊科多年生草本植物,仅栽植在庭园中,具有强大的争夺阳光、养分、水分的力量。没想到,"野心勃勃"的加拿大一枝黄花不甘心长守小门小户,它渴

◎ 加拿大一枝黄花

望大自然更广阔的天地,于是借助风力、飞鸟等"空中力量",将所产的种子带向四面八方。很快,它的"子民"就在外地安家落户,直到20世纪80年代,我国浙江、江苏、安徽、江西、贵州、湖南、湖北、广东、广西等地已遍是它们的身影。而且,它们还在以令人咋舌的速度向其他适宜它们生长的地方扩散。它不但拥有每株2万多粒种子的"军力",而且还搞根部繁殖,根上形成新的植株,织成了一个超强大的繁殖网络,所到之处,其他作物、杂草不战而败,一律消亡。

再来说说加拿大一枝黄花的陆地战术吧!

经科学家调查,发现加拿大一枝黄花的根部会分泌一些物质,这些物质可以抑制糖槭等植物幼苗的生长,同时也抑制包括自身在内的草本植物的发芽。在丹麦,有研究表明,它的根系还有乙炔气体的存在,而乙炔气体也是抑制其他物种生长的杀手。

正是因为拥有"陆空双头部队"的威力,加拿大一枝黄花才变得肆无忌惮,目空一切。据有关专家在浙江的调查发现,一个6株加拿大一枝黄花组成的小群体,8年后竟演变成一个有1400余株的大群体,而且植株长得一年比一年高大,茎秆一年比一年粗壮。同时,它的种群数量也增加得十分迅速,在浙江诸暨至丽水约200千米的公路边上,2002年调查时发现有115个群体,2003年为203个,2004年调查时竟达到了331个。

加拿大一枝黄花已严重破坏了自然植被和生态系统,对农林作物构成了很大的威胁,目前,已被农林部门列为重点防治对象。

豚草"卧薪尝胆"搞扩张

"霸王花"加拿大一枝黄花搞"陆空战术"称霸，成为严重威胁生物多样性的"植物杀手"。植物界还有另一"人人喊打"的植物杀手——豚草，它称霸的方式也很有趣。

豚草又名艾叶破布草、美洲艾，是来自北美的野生恶性杂草，20世纪30年代入侵我国，是农业部公布的十大恶性入侵杂草之一。它具有极强的排他性，所生长之处，其他植物很难存活。实验表明，一平方米玉米地里混入两三株豚草，玉米就会减产30%，如混入十株以上，将颗粒无收。

为了一统江山，豚草生产出一种奇特的种子，这种种子能"忍辱负重""卧薪尝胆"，只等时机成熟，就破茧重生，危害江湖。

我们知道，种子是有寿命的，一般的种子超过一定的年限后，便失去了生命力。柳树种子的寿命极短，成熟后只在12小时以内有发芽能力，杨树种子的寿命一般也不超过几个星期，大多数农作物种子的寿命在一般贮藏条件下都仅仅为1至3年。比如，花生种子的寿命为1年，小麦、水稻、玉米、大豆的种子寿命为3至6年。但豚草的种子却不同，它有顽强的生命力，落地30至40年仍生机盎然。

豚草每株至少

◎ 农人给豚草施用除草剂

结有种子几万粒,可随风、鸟、人的鞋底、水流、交通工具等四处传播。它们都带有钩刺,可任意依附在人的衣服或者包装麻袋上,随意旅行。传播的种子中,约有70%的种子会落在水分、土壤、温度适宜的地方发芽生长,还有30%的种子则没有那么幸运,会落在某处地方暂时休眠,"卧薪尝胆",睡而不死,直待时机成熟,哪怕30年、40年,也会东山再起,卷土重来。

想想,豚草有了这些倔强的种子,还不称霸江湖吗?

大自然不死的种子还有很多。如我国1951年在辽宁省普兰店泡子屯村的泥炭层里发现了一种古莲子种子。人们推断它们已在地下静静地睡了上千年,但并没有死亡。中国科学工作者用锉刀轻轻地把古莲子外面的硬壳锉破,泡在水里,古莲子不久就抽出嫩绿的幼芽来了。北京植物园1953年栽种的古莲子,在1955年夏天就开出了粉红色的荷花,沉睡千年的古莲子被人们唤醒了。不少国家的植物园从我国要去了这种莲花种子,并已栽种成活。这才是真正的"卧薪尝胆"啊!

蒲公英抢地盘借"东风"

植物界内部时时都在进行残酷的竞争。为了家族不至于被异族侵略,它们会想尽各种办法占山头、抢地盘,直至在自然界争得一席之地。

小小的蒲公英是领土扩张的典范。蒲公英的种子成熟以后,需离开着生的植株,到其他地方生根发芽。可是,它们势单力薄,无脚无腿,又没有人工种植,怎样才能抢占地盘落地生根呢?别急,蒲公英早已熟知诸葛亮"借东风"火烧曹营的战术,通过风力,让它的子子孙孙遍地繁衍。

蒲公英知道自己是草本植物中弱小的一族,于是,将果实生产为"瘦果",细小轻巧,方便传播,顶端再长出一些像降落伞一样的冠毛,更方便腾

空飞行。这样，种子成熟后，经风一吹，就飞得很远很远了。当这些果实落地以后，遇到适宜发芽的条件，马上萌发长成一株株新的蒲公英。

◎ 漫山遍野的蒲公英

蒲公英正是利用"借东风"的战术，将它的子民传遍大半个地球。我国的东北、华北、华东、华中、西北、西南各地也满是它们的身影。小小蒲公英，竟然一领江山，真是植物有战术啊！

同样"借东风"的植物还有柳树、棉花、榉树等，它们的种子有毛，可乘风飘飞很远很远。

没毛的同时也不轻巧的植物要想扩大领地，怎么办呢？别急，它们同样采用"借东风"的方式，不过，种子的形状得改变。

榆树、槭树等植物的种子没毛，不能随风飘散，为了抢占江山，它们十分"狡猾"，将果实长出像翅膀一样的小角，再借助风力，采取滑翔的方式传播。它们同样能滑到很远的地方去繁衍。

在草原和荒漠上有一些植物，如猪毛菜、丝石竹等，它们的植株有无数叉开的分枝，组成一个圆球形。当种子成熟后，植株基部会自然折断，整个植株就像圆球一样可随风滚动，细小的种子就乘机散落到地上。

还有些植物，比如山杨和兰科的植物，种子细小巧轻，可以随风飞扬，但它们的种子不易萌发成活，于是它们使出奇招，育出成千上万的种子，以多取胜，最后也有不少的种子遇到适宜的条件发芽长成新株。

鬼针草移民勇搬动物兵

　　可见植物也拥有"高智商"。蒲公英等植物利用风力传播繁衍争抢领地，那么种子稍大、风吹不走的植物怎么"移民"呢？别急，它们自有高招，借东风不行，那就搬兵！搬什么兵？当然是能活动的兵——动物兵！

　　深秋时节，如果你到野外的树林里旅游，回来就会发现，衣服鞋袜上粘着许多杂草的果实和种子，这些小东西即使用手扑打、用刷子刷也很难除掉。它们是谁？它们为什么能这样亲昵地黏附呀？原来，它们就是苍耳、鬼针草、猪殃殃、蒺藜等"高智商"植物的果实。苍耳、鬼针草等植物将这些果实生长出一些钩和刺，只等人或动物接近它们，便牢牢地钩挂在人或动物的身上。当它们到处活动时，这些种子已悄悄地跟到那些地方生根发芽了！

　　没钩没刺的种子怎么办？聪明的植物们也自有办法。森林里的野果如山楂、葡萄、樱桃、梨、苹果等肉果类植物就有妙招，它们长出色泽鲜艳、味道甘美的果实，吸引人和动物前来品尝。而这些植物的种子被动物吞食后，在动物的胃肠里是难以消化的，它们会随动物粪便一同排泄出来，只要不破碎就可以萌芽。就这样，大量野果的种子被动物吞食后，再随粪便排出，这些种子便找到了新的归宿。

　　还有些野生植物的果实与栽培植物同时成

◎ 成片的鬼针草

熟,它们更是诡计多端,居然"鱼目混珠",通过人的播种与收获来传播。例如稗草的果实和稻同时成熟,随着稻的播种与收获进行传播,是稻作中有名的杂草。

还有一些植物也能通过动物播种。如谷粒撒在地上,蚂蚁等小昆虫把它们搬回洞穴贮存起来,一旦条件适宜,这些谷粒便萌发,破土而出。松子的种子就是靠松鼠储存过冬粮食时带走的。

椰子树利用海水扩张

如果你来到我国海南岛的三亚,你会发现一些身躯挺拔,皮肤光滑,树叶从树顶"炸"出来,活像过年放的礼花的树,它们就是美丽的椰子树。

椰子树为热带喜光植物,尤其在高温、多雨、阳光充足和海风吹拂的条件下长得更欢。一旦离开海水,就会显得没精打采,长势不良。

椰子树为古老的栽培作物,现已有两千多年的历史。我国现在主要集中分布在海南各地,此外台湾南部、广东雷州半岛、云南西双版纳、德宏、保山、河口等地也有分布。其他如亚洲、非洲、大洋洲、美洲的热带滨海及内陆地区也广泛种植,主要分布在南北纬20°之间,尤以赤道滨海地区分布最多。为什么椰子树会将它们的身影遍布世界各地呢? 说来,椰子树的领地扩张的本领十分有趣。

如果你细心观察就会发现,凡是椰子树生长的地方,几乎全是在海边。原来,椰子树的果实是著名的"航海家",它的外果皮革

◎ 海边的椰子树

质,不易透水;中果皮疏松而富有纤维,利于水中漂浮;内果皮坚硬,可防水的侵蚀,里面藏着种子。它一旦落入水中,就随着海水漂流,直到海浪把它推到岸上,才在所到之处重新定居。热带海岸地带多椰林,与椰果的这种传播方式有着密切的关系。

利用水源搞扩张的植物还有睡莲。睡莲的蒴果里面装着很多种子,每粒种子的外面都包着一个充满空气的袋子。当蒴果成熟裂开时,许多种子就浮出水面,随水漂流到很远的地方,直到空气袋里的空气渐渐损失掉,种子便慢慢下沉到水底,第二年长成一株美丽的新睡莲。

山洪、河流、海潮、灌溉等都是种子长途扩张的帮手。

喷瓜自制"火箭"占山头

你看过火箭上天的情景吗?一团熊熊火焰燃烧着,火箭冲天而起,飞速越来越快,突然,火箭头一道亮丽的白光极速而去,卫星被闪电似的送入太空。

自然界里也有一些神奇的植物,为了与异类植物争抢地盘,扩大领地,

◎ 喷瓜

它们既不靠风力、水力,也不靠人和动物传播种子,而是自制"火箭",靠果实本身产生的机械力量来传播种子,将种子送入更远的地方。

喷瓜,便是"火箭"运输种子的行家。

喷瓜原产地在中海区,我国北方亦有栽培,为一年生攀缘草本,枝蔓长1米至1.5米。喷瓜的果实像个大黄瓜,成熟后,生长着种子的多浆质的组织变成黏性液体,挤满果实内部,强烈地膨压着果皮。这时果实如果受到触动,就会"砰"的一声破裂,好像一个鼓足了气的皮球被刺破后的情景一样。喷瓜的这股气很猛,犹如火箭的威力,可把种子及黏液喷射出13米至18米远。因为它的"力气"大得像放炮,所以人们又叫它铁炮瓜。

喷瓜的黏液有毒,不能让它滴到眼中。

大自然中还有其他的植物也能自制"火箭"。例如大豆、绿豆、蚕豆等豆类植物的果实成熟时,它的荚果会突然扭转、炸裂,发出"噼啪"的声响,将种子弹射出去。所以种植豆类作物时,在果实成熟后必须及时收获,以免种子因散失在田间而减产。还有凤仙花、牻牛儿苗的果实,在接近成熟时,稍有风吹草动也会弹裂,种子被射出很远。

野燕麦种族扩张练"爬功"

大自然最有趣的种族扩张植物是麦田里生长的野燕麦，它的种子苦练"爬功"，能够自己"爬"进土中。

野燕麦是一种优质牧草，属多年生禾草，须根入土深，呈棕黄色。野燕麦的种子的外壳上长有一根长芒，会随着空气湿度的变化而发生旋转或伸曲，种子就在长芒的不断伸曲中，一点一点地向前挪动，一旦碰到缝隙就会钻进去，第二年便会生根发芽。当然，野燕麦种子"爬行"的速度相当缓慢，一昼夜只能前进1厘米，不过这种传播种子的本领已经达到了登峰造极的地步。

植物传播果实和种子的各种方式，都是在长期进化过程中形成的，这对于植物种族的繁衍具有极其重要的意义，也为丰富植物的适应性提供了条件。

◎ 野燕麦

马缨丹扩张领地施"绞杀"

外号五色梅的马缨丹有着非常美丽的花朵，淡紫、紫红、粉红、橙黄、深黄。五颜六色的花开在一株植物上，非常美丽妖艳。然而，当人们禁不住为它妩媚的花朵发出阵阵惊叹的时候，却很少有人知道，它的盛开，是以"绞杀"本地土著植物为基础的。

什么是绞杀植物呢？绞杀植物是指一种植物以附生来开始它的生活，然后长出根扎进土壤里，(可以在空中发芽)变成独立生活的植物，并杀死原来借以支持它的植物，是一类生活方式比较特殊的植物。绞杀植物的幼苗附生于支柱植物上，长出气生的网状根系包围树干并向下扩展，直到伸入地下生成正常根系。绞杀植物从土壤中吸收养分后生长加快，网状根膨大并愈合为网状茎，支柱植物则被绞杀。

绞杀植物的种类很多，如桑科的榕属、五加科的鸭脚木属、漆树科的酸草属等，但它们主要生活在热带雨林里。亚热带森林和温带森林中绞杀植物的种类和个体数量，均远逊于热带雨林。

热带森林地区，由于气温高，湿度大，非常适合热带植物的生长。植物群落中植物种类繁多，种间密度很大，故每种植物的生活空间缩小了，接受阳光的机会也相应减少。植物之间为了生存，进行着一场争夺阳光和土壤养分的激烈竞争。在自然竞争中，那些具有生长优势的植物物种，可以得到充足的阳光和养料，从而在竞争中保存下来；那些处于劣势的植物，最终被淘汰。

科学家们发现，在巴拿马热带森林里，一些大树周围的许多小树和藤本植物相继枯死。经过观察发现，原来在大树根部长出了巨大根肿，它生长得很快，在土壤中不断膨胀，形成

◎ 马缨丹

一种挤压力,毁坏了邻近植物的根系,甚至将其根挤出地面,使其无立足之地。

在我国广东鼎湖山和海南岛尖峰岭林区,也可看到一番绞杀情景。如细叶榕的种子被鸟吃掉并随同粪便一起排出落在了红壳松的树干或枝丫处后,种子就会萌发生根,幼苗长成粗壮的灌木状。其后生出许多向地性的气生根。有些气生根贴附在宿主的树干上,有些气生根则从宿主的枝上下垂,下行根逐渐增多并且互相融合,直至用它那强大的木质根网把宿主树干团团裹住。这时细叶榕的树冠也增大繁茂起来,遮盖了宿主的树冠,而宿主由于见不到阳光、自身养分被吸干最终被扼杀而腐朽。绞杀植物细叶榕的根网就成为一个空筒,但仍可以完全过着独立的生活。榕属等绞杀植物在热带雨林里最后常常成为森林上层的高大乔木。

马缨丹是热带绞杀植物的"大哥"之一。它原产于美洲,现在我国广东、海南、福建、台湾、广西等地多作为花卉栽培,南方有些地方也有野生。它为马鞭草科常绿灌木,高1米至2米。马缨丹植株之间可以传递化学信息,而这种信息物质会让本地土著植物难以适应,成为排挤和绞杀其他物种的有力武器。同时它耐贫瘠,对光资源的捕获能力很强,能很快形成厚密的植被层而减少下层植被光照,阻止覆盖层下其他植物的生长,消灭其下层植物,这也是马缨丹下层寸草不生的原因之一。

马缨丹茎秆还具有倒钩状短刺,花、叶及未成熟的果实不但有毒,能让牲畜和害虫忌避,还会使人过敏。这是它在原生地避免被骚扰的一种防范措施。由于它外表美丽,观赏效果极佳,被我们人为地引入到一个没有天敌的环境中,便开始肆意生长。2004年,马缨丹已被列入《中国100种主要外来入侵物种名录》中。

生态失衡的恶果,最终还是需要人类自己承担。

强盗植物薇甘菊的"天罗地网"

在中国最具恐怖指数的100种外来入侵植物中,薇甘菊榜上有名,人称强盗植物。为了扩张地盘,它们撒下天罗地网,让荔枝树、芭蕉树和相思树等美丽植物香消玉殒,就连土地也可能因它蜕变成荒原。

薇甘菊学名小花假泽兰,是一种多年生藤本植物。它虽然貌不惊人,却从小练就了一种"攀援缠绕功"。而且,它的顶端日生长长度达到27毫米,几乎呈疯狂状态。为了种族的扩张,它们与其他植物争夺阳光和水分,层层缠绕在其他植物的顶部,就像撒下一张大网似的,让其他植物暗无天日,终致其缺乏光合作用而死亡。

原产于南美洲的薇甘菊,作为橡胶园的土壤覆盖植物,1949年从巴拉圭引入到印度尼西亚后,便很快传播到了整个印度尼西亚,后来又扩散到整个东南亚、太平洋地区及印度、斯里兰卡和孟加拉等国,给当地农民造成重大经济损失。在马来西亚,由于薇甘

◎ 覆盖树木的薇甘菊

菊的覆盖，橡胶树的种子萌发率降低了27%，橡胶树的橡胶产量在早期32个月内减产27%至29%。

1984年，我国深圳也发现了薇甘菊的身影。如今，深圳已成为国内受薇甘菊侵害的重灾区，受灾面积超过2700公顷，林荫道、公园、自然保护区全是薇甘菊的魔影。在深圳梧桐山、仙湖植物园、深圳水库周围等生态敏感区，薇甘菊危害发生率甚至已经达到60%。在生态环境相对独立的内伶仃岛，纵向从海拔6米至160米的范围内都有它的踪迹，横向40%至60%的地区几乎都被它覆盖。薇甘菊的侵害还在恶化，整个内伶仃岛几乎成了植物的坟墓，六七米高的大树被它覆盖绞死，因野生芭蕉等果树被薇甘菊"屠杀"，岛上六百多只猕猴饿得到处乱窜，只好靠人工喂食。

如今，薇甘菊的危害已引起科学家相当大的重视。但运用除草剂会造成严重的环境污染，人工清除又费时费力。而且，人工拔除"斩草"不能"除根"，即使火烧后有一点青色的根茎留在地里，很快又会卷土重来。就在科学家们无计可施之时，爆出惊人消息：巴西没有薇甘菊！打听原因，原来巴西生活着大量薇甘菊的天敌——昆虫、螨类和真菌，这些生物有效抑制了薇甘菊的肆意生长。

看来，根治薇甘菊的唯一办法，是动用"生物武器"了！

· 小贴士 ·

入侵植物：因外来植物破坏当地生态系统平衡而造成的生物入侵，日益引起世界各国的重视。目前已知中国至少有380种入侵植物，外来入侵植物与本地植物竞争生存空间和养分，给农业的生态系统、畜牧和鱼类的栖息环境、农业生物多样性保护造成了巨大威胁，带来了巨大的经济损失。入侵植物如野火燎原，可以很快喧宾夺主地把原有的植物取代一空。入侵植物为什么有那么大的威力呢？这一直是困扰科学家的一个谜题。曾经有科学家猜测入侵植物的繁殖能力可能比本土植物具有更大的优势。然而，最近有科学家在英国出版的《自然杂志》上撰文指出，逃离了原有的天敌，并和新土地上的微生物交好结盟，是入侵植物获得成功的重要原因。俗话说："树挪死，人挪活。"人们现在才发现这句话不对，不少植物挪个地方会活得更滋润。如今，进入中国的入侵植物主要有紫茎泽兰、互花米草、空心莲子草、水葫芦、豚草、毒麦、飞机草、薇甘菊、金钟藤、假高粱、五爪金龙、意大利苍耳、刺萼龙葵等。

地衣欲跟人类抢地盘

众所周知，人类为了兴建城市，可以侵占植物的地盘，不可思议的是，如今植物也开始疯狂地反攻，想要将城市从人类手中夺回。

地衣便是反攻植物的"先锋军"。

地衣是一种藻类植物，具有顽强的生命力，它能冲破一切生

◎ 地衣无处不在

命禁区，甚至在极地圈内的荒原、赤道一带的沙漠中都能生机勃勃地生长。地衣之所以具有如此顽强的生存能力，是因为它能产生一种叫地衣酸的化学物质，这种酸性物质可使砖、石、水泥等表面被腐蚀而溶解，同时也为自己的生存制造矿物营养，形成一层极薄的"土壤"。

地衣的种子——地衣孢子通过风力传播，几乎能在城市中的任何地方找到立足点。地衣是植物界最坚忍不拔的"拓荒者"，凡是其他植物难以立足的地方，都由它率先开拓。

接下来，我们会看到城市被"摧毁"的一幕：平整的广场变得坑坑洼洼、整个混凝土结构拱起或塌陷、建筑物墙坍砖散，甚至引发安全事故、酿成灾祸。尤其是那些古代建筑和雕塑，如罗马、雅典等地蜚声全球的古代文物都被地衣的侵袭搞得面目全非，失去了当年的光彩，甚至那些古代教堂四周装饰的彩色艺术玻璃，由于受到地衣酸的腐蚀分解而变得斑斑驳驳。受害最深的是坐落在潮湿地方的石雕像，它们被密密层层的苔藓包裹起来。

城市被"摧毁"的力量来自于地衣的根。那柔软微小的根须，能够随着环境不同而向不同方向生长，长成不同形状。根须可以钻进建筑物很细小的裂缝，随着植株的不断长大，根也渐渐变粗变长。这时，原本看似软弱的根须却会产生一股无穷的力量，向裂缝四周传递巨大的压力，迫使裂缝不断扩大。

地衣充当"先锋军"后，接下来，又是一拨新的报复植物的到来。原本寸草不生的建筑物，由于此前已长出一层薄薄的地衣，为以后较大的植物生长准备了一层薄薄的养分膜。有了这层养分膜，第二拨报复植物苔藓、蕨类植物就相继前来安营扎寨了，它们在地衣所创建的原始"土壤"上茁壮成长，于是地衣本身也成了其他植物"土壤"中的营养,被接踵而来的一批批较大的绿色植物所替换。

随后,极富牺牲精神的地衣又让出了自己的营地,重新去开拓新的疆域,为其他植物去打头阵,开辟了一片又一片新天地。

绿色的植物一方面给我们带来一片清新,同时不容忽视的是,它们还是人类的竞争者。所以,我们需要适度控制城市建设的节奏,与植物和谐共处。

镜头一 扩张领土

镜头二
争夺"食物"

　　植物也有一张大胃，为了填饱肚子，争抢阳光、水分和土壤营养，它们展开疯狂的战争。有的充当"黄沙幽灵"，有的利用化学武器，有的谄媚"攀高枝"，有的示弱搞"扮猪吃虎"计，可谓"八仙过海，各显神通"。本组镜头将让你领略植物争夺食物的"刀光剑影"。

菟丝子掠食长"尖嘴"

有一种生物,它们将自己一生的大多数时间都依附在另外一种动物身上。如鲫鱼用自己的背鳍演化成的吸盘,吸附在鲸鲨等大型鱼类身上,鲸鲨根本不知道自己身上还居住着一个"不速之客",它们免费将鲫鱼带出去"旅游",一遇到可口的食物,鲫鱼则从鲸鲨的身上偷偷溜走觅食,大吃一顿后,又来到鲸鲨身上歇息。如纤毛虫专门喜欢跑到牛、马的胃内,食取牛、马尚未消化的植物纤维;如跳蚤和虱子喜欢躲在猫、狗等动物身上,吸取它们的血液。我们将这类生物叫做寄生虫。

叫人惊奇的是,植物界也有"寄生虫",它们根本缺乏植物赖以生存的条件——叶绿体,专门掠食其他植物身上的养分生存,居然让自己活得多姿多彩,活色生香。

植物"寄生虫"的典型代表当数菟丝子。

菟丝子生活在我国华北、华东、中南、西北及西南各地的山坡路旁或河边,它们多寄生在豆科、菊科、蓼科等植物体上。

菟丝子的生理构造相当特别,组成的细胞中没有叶绿体,没有叶绿体就不能进行光合作用,不能光合作用就不能生产身体所需的营养。

◎ 缠绕在树上的菟丝子

不过不用担心，菟丝子另有高招！

菟丝子从种子萌发长成无色的幼芽开始，就将自己形成丝状，攀附在土粒上不让大风卷走。同时，它的另一端形成菟丝，在空中旋转，一碰到大豆、苎麻、棉花等寄主，就紧紧缠绕在它们身上，在接触处形成一张形似尖利"嘴巴"的吸根。进入寄主组织后，吸根部分细胞组织分化为导管和筛管，与寄主的导管和筛管相连，吸取寄主的养分和水分。此时初生菟丝死亡，上部茎继续伸长，再次形成吸根，茎不断分枝伸长形成吸根，再向四周不断扩大蔓延，严重时将整株寄主布满菟丝子，使受害植株生长不良，也有寄主因营养不良加上菟丝子缠绕引起全株死亡。令人哭笑不得的是，菟丝子们吃饱后还要"打包"，将夺取的养分以淀粉粒状态储存在自己的组织中，以备不时之需。

肉苁蓉掠食做"黄沙幽灵"

植物"寄生虫"的著名代表还有肉苁蓉。

肉苁蓉别名大芸、寸芸、苁蓉，分布在我国内蒙古的乌兰布通沙漠、宁夏的腾格里沙漠和新疆的准噶尔沙漠等地，是我国所发现的60多种补益中药中品位最高的药物，含有大量氨基酸、胱氨酸、维生素和矿物质珍稀营养滋补成分，具有很高的药用价值，素有沙漠人参的美誉。

在我国北方的沙漠中，生长着一种固沙的小乔木——梭梭树。梭梭树枝叶肥嫩，可作为牛、马等牲口的饲料。肉苁蓉正是看中这一可口的美味，开始了它们的掠食之旅。

肉苁蓉掠食叫人闻风丧胆，一生中有三到五年埋于黄沙之中，就像一只"黄沙幽灵"。在这期间，肉苁蓉具有萌发活力的种子，开始与生长旺盛的梭梭根接触，一旦温度、湿度及土壤酸碱度适宜，种子就开始萌芽了。肉苁蓉种子与梭梭根结合形成寄生芽体，进一步发育为块状吸盘，在块状吸盘上生长出肉苁蓉植株。之后，块状吸盘上生长出一个或多个球果状的肉苁蓉

◎ 野生肉苁蓉

幼体，从中形成一株或数株肉苁蓉植株。肉苁蓉长埋于沙中，过着暗无天日的幽灵一样的生活，当然无法完成光合作用了。怎么办？大树脚下好乘凉，这时，无法摆脱的梭梭树就将肉苁蓉所需的水分和营养物质一点不落地供应给它。梭梭树上形成的块状吸盘简直就是一台运输机。

这种幽灵一样的生活方式，直到三年后，方才结束。此时，肉苁蓉块状吸盘上的肉质茎已长出鳞片状的叶和花序，它就破土而出了。幽灵一般都是害怕阳光的，肉苁蓉当然也不例外，在它出土后生长一个月左右，即宣告死亡。此时，肉苁蓉结出的大量细小的种子，又随着风沙一起飞扬，再入土层与梭梭树根接触，开始新一轮的寄生生活。

肉苁蓉是多年生肉质草本植物，除寄生在梭梭树上外，还对红沙、盐爪爪和柽柳等植株伸出"魔爪"。

这类沙里掠食的"黄沙幽灵"除肉苁蓉外，还有锁阳。锁阳也是一种名贵中药材，它全身无叶绿素，茎肥大肉质，呈黑紫色圆柱状，长埋于沙中。它寄生在优若黎、盐爪爪和河冬青等植物的根上。锁阳果实呈球形，每株能结出两三万个果实。锁阳种子寿命也很长，把它放在室内保存 12 年后，仍有寄生的本领。原来，它

的果皮非常结实，对严酷环境有惊人的适应能力。塔里木盆地的砾石戈壁上，阳光强烈，白天地表温度高达70℃以上，锁阳的种子仍可在那里顽强生长、繁殖。

地下兰的恐怖武器——寄生真菌

肉苁蓉、锁阳地下掠食终究还有见天日的时候，世界上有一种植物，从种子萌芽、植物生长直至开花，一生长埋地下，就更让人惊奇了。这类植物名叫地下兰，在植物界里独一无二，是一种极度濒危的品种，据说现在野外只剩下不到50株。

地下兰是如何生存下来的呢？没有光合作用，它们又是怎样获得营养的呢？科学家们对它的基因组进行了研究，得出一个惊人的发现：地下兰也是一种植物"寄生虫"！

2010年，西澳大利亚大学的科学家使用放射性示踪剂，发现地下兰通过寄生真菌与金雀花(西澳内陆地区的一种木本灌木)根部的配合，获得所需营养。

寄生真菌是一种寄生在其他真菌上的恐怖的真菌。据媒体报道，巴西雨林中就隐藏着这种地球上最危险的生物——寄生真菌，它们会让雨林中的蚂蚁变成"僵尸蚁"。在一次实地考察中，美国的研究者在巴西的热带雨林确认了

◎ 被地下兰感染的僵尸蚁

四种古老的寄生真菌能够感染蚂蚁。它们会占据蚂蚁的身体，释放化学物质控制蚂蚁的行动，来到合适自己繁衍的地方再夺其性命，留下一具紧紧咬住叶脉的尸体，好让真菌释放孢子，继续感染其他蚂蚁。

原来，地下兰正是通过寄生真菌这种恐怖的武器，将魔手伸向了金雀花。金雀花忍受着炙热的阳光、狂暴的大风、倾盆的暴雨所获得的一点儿"食物"，还得分出一大部分给地下兰，真是有苦难言。

不过，好事留名，金雀花无私奉献也留下美名。譬如西澳大利亚大学兰花救援项目的马克·布伦德雷特副教授就说："地下兰能成为世界上最美丽、最奇特的标志性兰花，金雀花功不可没。"

"懒惰成性"的北桑寄生

北桑寄生是一种落叶小灌木，高约1米，幼时绿色至褐色，无毛，老时黑褐色至黑色，有蜡质层，常二歧分枝。它是一种补肝肾，强筋骨，祛风湿，安胎的中药材，用于风湿痹痛、腰膝酸软、筋骨无力、胎动不安、早期流产、高血压等症，是分布在我国黄河流域、数量稀少的半寄生种子植物。

为什么说北桑寄生是一种半寄生植物呢？因为北桑寄生"懒惰成性"的习性。北桑寄生本身长有叶片，能进行光合作用，制造机体所需的营养，它却离开土壤，在栎树、桦树、苹果树等树木的树干扎根，一方面自己偶尔生产一点"口粮"——有机物供自己享

◎ 长在桦树和榆树干上的北桑寄生

用，一方面大肆掠夺别人的食物。

在山东青州市仰天山地区，就生活着许许多多的北桑寄生，它们丛生于乔木树种的枝干、枝梢上，有的甚至寄生于光滑的枝丫或下垂的枝条上。仰天寺南坡 50 多亩以鹅耳枥和小叶鹅耳枥为主的杂木林，竟有近 25% 的植株被北桑寄生寄生，其中 80% 以上有 2 到 10 处寄生不等。

人们一直在思考，是什么力量将北桑寄生弱小的种子传送到其他树木上去的呢？随着植物学家的考察，终于找到了答案。

北桑寄生的种子很小，长约 2 毫米，直径约 1 毫米，呈小蘑菇状，胚根一端的种皮尤为坚硬，种子被一团极黏的半透明胶状果肉包裹着。在 25℃时，30 分钟内这种胶状物质即可水解，成为种子萌发的催化剂。

一个奇妙的现象是，至少有寒鸦、灰掠鸟、灰喜鹊、三道眉草鸥等六种鸟儿，是北桑寄生的义务播种者，也可以说是上当受骗者。每年的深秋时节，北桑寄生的果实成熟，橙黄色的果实缀满枝头，鸟儿被北桑寄生亮丽的果实所吸引，纷纷前来啄食。由于果皮内这层黏性胶质的存在，鸟儿一经啄食，果实便牢牢地黏在了鸟嘴上。为了摆脱它，鸟儿不得不飞到周围的树枝、树丫处又摔又擦。这样，黏性的果皮连同种子便黏附在树枝表面上，找到了生命的温床。翌年，种子在温度和湿度都适宜的条件下萌发，生出吸根侵入寄主皮层，长出茎叶，与寄主融为一体。

北桑寄生的生存智慧令人惊叹！

• 小贴士 •

寄生植物：植物中的"好吃懒做，不劳而获"者被称为寄生植物。寄生植物不含叶绿素或只含很少，不能自制养分，约占世界上全部植物种的十分之一。这类植物当中，一类是腐生植物，主要为细菌和真菌。它们以死亡的或正在分解的生物或在附近生长植物的死亡部分作为养分来源。水晶兰就是很少几种开花的腐生植物之一。透明的水晶兰繁茂地生长在被分解的树叶上，真菌包围着它的根，并以消化森林中的枯枝落叶得来的养分供应它。与这些腐生者相反的是许多寄生植物，它们只以活的有机体为食，从绿色的植物取得其所需的全部或大部分养分和水分，而使寄主植物逐渐枯竭死亡。它们是致命的依赖者，植物界的"寄生虫"。

胡桃树抢食动用"生化武器"

自然界有许多有毒植物，毒素不但能毒死人和动物，还常常用作"生化武器"对付自己的同伴。

胡桃树便是其中的一种。胡桃树属落叶乔木，高20米至25米，树皮灰白色，幼时平滑，老时浅纵裂，为中国植物图谱数据库

◎ 胡桃树下其他草木几近枯死

收录的有毒植物,其毒性主要聚集在根或根皮上,树干上的树皮有小毒。《本草纲目》就记载:"油核桃(即胡桃)有毒,伤人咽肺,而疮科取之用其毒也。"胡桃树的叶与外果皮的水提取物有抗炎、杀虫作用,未熟果皮的浸出物涂于动物的皮肤,发生水泡,内服能引起下痢。用胡桃树枝与龙葵全草制成核葵注射液,能治疗肿瘤病。

胡桃树根上的化学物质称为胡桃醌,析出后为一种橙黄色的针状结晶体,有特殊臭气味。一旦其他植物的根系与它接触,便会患上"侏儒症"而停止生长。没有别的植物争夺养分,胡桃树享受"独食",自然可健康成长了。

从胡桃健壮肥厚的果实看,它不但生长茂盛,还因为营养过剩患上了"肥胖症"哩!

洋艾争夺营养大用他感物质

科学家将一种植物施放的能影响其他植物生长的化学物质称为他感物质。原来,植物之间为了争夺营养,随时都在战争。在植物的"化学战"中,他感物质常被某些植物利用,往往打对手一个措手不及。

洋艾便是施用他感物质的高手。洋艾叶片上的腺状微毛中能够分泌出一种抑制其他植物生长的洋艾碱,这些他感物质随着雨水的冲刷,被带到附近的土壤中,让其他植物饥饿而死。

◎ 洋艾

洋艾又名苦艾,为菊科苦蒿属植物,在世界多地均有分布,生长于海拔1100米至1500米的地区。洋艾多生长于山坡、林缘、野果林、草原及灌丛等地,常与牵牛花、瓜叶菊、葫芦、翠菊等草本植物为伴。为了享受"独食",洋艾将洋艾碱动用得得心应手。久而久之,洋艾碱多了,土地几乎变成盐碱地,牵牛花等植物便自然不能活命了。

拥有他感物质武器的植物还有很多,如生长在湿地中的宽叶香蒲,就能分泌一种他感物质抑制相同生长环境的镳草种子的萌发。

他感物质的释放"通道"有很多,有从植物叶片溢出的,如洋艾;有从植物根部释放的,如美国的一种向日葵;有的甚至是植物死亡后的残体在被微生物分解后也能释放他感化合物,为自己的后代提供生存空间。

因此,假如有一天,你在野外看到某个地方一种植物漫山遍野地生长,说不定就是他感现象在起作用哩!

现在,科学家们也会利用他感物质为人类造福,例如棉花根系能分泌出一种醌类化合物的他感物质,科学家们就利用它来除去一种名叫独脚金的杂草。

榕树对棕榈树和铁杉树实施"绞杀"

　　菟丝子、肉苁蓉、锁阳、地下兰等植物都是直接从其他植物的饭碗中抢食,过着寄生虫的生活。世上有一种植物,则赤裸裸的"杀人越货",不但抢食他人的"财物",完了还将其杀死。

　　100年前,在我国西双版纳热带雨林的一大片密林中,生长着成片的棕榈树和铁杉树。一天,一群鸟儿来树上栖息,在树干上留下许多鸟粪。不料,第二年春天,棕榈树和铁杉的树干上竟萌生许多小芽。小芽长出许多气根,沿着棕榈树和铁杉树的树干爬到地面,并插入土壤中,像一只饥渴的嘴巴,拼命抢夺地下的养分和水分。两年后,这些气根逐渐增粗分枝,形成了一张大网,紧紧地把棕榈树和铁杉树的树干箍住。又是几年,"强盗树"冲天而起,气根越发茂盛,巨大的树冠遮天蔽日,棕榈树和铁杉树终因"强盗树"的绞杀逐渐死亡了。

　　这种"杀人越货"的植物,就是被称为独树可成林的

◎ 榕树绞杀棕榈树

原始密林中令人闻之色变的绞杀植物——榕树。今天,你若再到西双版纳,原始密林中处处可见它们的霸王魔影。它们紧紧缠绕在其他高大树木的主干上,自己的主干部分却仅剩围成一圈的气根,宛如一只"猪笼"。

榕树是热带植物区系中最大的木本植物之一,有板根、支柱根、老茎结果等多种热带雨林的生物特征。在孟加拉国的热带雨林中,生长着一株大榕树,郁郁葱葱。从它树枝上向下生长的垂挂气根,多达四千余条,落地入土后成为支柱根。这样,柱根相连,柱枝相托,枝叶扩展,形成遮天蔽日、独木成林的奇观。巨大的树冠投影面积竟达一万平方米之多,曾容纳一支几千人的军队在树下躲避骄阳。

在中国广东新会区环城乡的天马河边,也有一株古榕树,树冠覆盖面积约15亩,可容纳数百人在树下乘凉。

矗立在广西金宝河畔的一株榕树冠围竟有七米多,高达十七米,枝繁叶茂,浓荫蔽天,所盖之地有一百多平方米。相传这是隋朝所植,迄今已有千年历史,虽然树干老态龙钟,盘根错节,但仍然生机勃勃。在电影里,刘三姐就是在这棵树下向阿牛哥吐露心声,抛出传情绣球的。在金宝河的对岸有一座小山,中间的山洞是透空的,就像一座石门,可以让人随意穿行,因此得名穿岩。在榕树和穿岩之间有个渡口,人称榕荫古渡。在穿岩的临河处有一块石头,颇像一只胖乎乎的小熊正在爬山。于是民歌唱道:"金钩挂山头,青蛙水上浮,小熊满山跑,古榕伴清风。"

我国台湾、福建、广东和浙江的南部都有榕树生长,田间、路旁大小榕树成了一座座天然的凉亭,是农民和过路人休息、乘凉、躲避风雨的好场所。

榕树仅在成片的热带雨林中才能形成绞杀现象,单独种植则是一种完美的观赏树和行道树。因此,榕树成为福州、温州、赣州的市树。而福州又称为榕城,亦由此得名。

绞杀植物中的典型还有爬树龙。爬树龙又名过山龙、过江龙、青竹标、金草箍、麒麟叶等,可活血散瘀,除湿,消肿,治骨折、跌打损伤、风湿性腰腿痛、痈疖疮肿、感冒、咽喉肿痛,是一种中草药。爬树龙是藤本植物,它几条扭曲盘旋如蟠龙般的枝干,自下而上包裹着整个树身,外观像一株奇异美丽的树雕,其实这美丽的背后,却是一场你死我活的拼杀。爬树龙正是为自己生存,寄生于其他树干,它长出纵横交错的根,包裹寄主,一面盘剥树体的营养,一面与寄主争夺阳光雨露,迅速壮大自己。当根伸入土中,形成了自身强大根系,能独立生存后,密布于寄主的根便急剧扩张,紧紧裹缠寄主,直至使寄主"窒息"而死。

凤蝶兰争夺水分"攀高枝"

在西双版纳植物园内的很多地方,都能看见在一些高大树木的树干上开出的一朵朵美丽鲜艳、形似彩蝶的花朵。但是,如果你走近仔细观察,就会发现其实这些花不是大树开出来的,而是附生在大树上的兰科植物凤蝶兰。原来,它们为了争夺养分,不惜"攀高枝"屈身于人,达到"出人头地"的目的。

◎ 攀上高枝的凤蝶兰

凤蝶兰是兰科凤蝶兰属的植物,产于我国云南南部思茅、勐腊、景洪等县,广泛分布于尼泊尔、不丹、印度、缅甸、泰国、老挝、越南等国海拔540米至900米的热带雨林中。它的茎叶都呈圆柱状，花期在 5 月至 6 月，花大而美丽，极具观赏价值。

凤蝶兰和大部分热带兰一样，喜欢"攀高枝"。它们通常附着在大树上，却并不像贪婪的寄生者那样吸收大树的营养，而是吸收空气中的水分，靠自身的叶绿素进行光合作用。它们只是需要借助大树来提升自己的高度，以便获得更好的生存空间和自我展示。附生兰和它所依附的大树之间并没有很严格的对应关系，只要树的表面有较为粗糙的部分，可供兰花种子附着、生长，它们就有可能在那里建立根据地。柚木、槟榔、盆架树、紫薇等很多树上都能看到凤蝶兰的身影。

凤蝶兰是国家二级保护植物，除了它自身的"攀高枝求生存"外，人类还应合理保护它。

女贞树的致命杀手——紫藤

在我国武汉中山公园茹冰景区，一株粗大的怪树每天吸引不少游客拍照。这株直径近 40 厘米，有近 70 年生长历史的怪树，近十年来，将景区多棵女贞树缠绕并连根拔起，平均两到三年就会有棵女贞树"死于非命"。在这棵怪树周围，目前又有十多棵女贞树处于它的纠缠之下，怪树贪得无厌，并爬上了一棵二十多米高的保护树种——楸树的顶端。

它是谁？原来，它就是有"丛林杀手"之称的紫藤。

为了争夺"采光权"，十几年来，这棵喜光的紫藤不停地向周围树木伸出毒手。宛如一条蟒蛇，它一次次地将周围女贞树

◎ 紫藤

杀死,没死的女贞树也终因不堪重负被拉歪、扯断,甚至长成了畸形。

植物界有一类多年生的藤本植物,它们有特别强的缠绕能力,足以把巨大的树木绞死,人们称这类植物为绞杀植物。紫藤,便是其中一员。

在江浙一带,常见的紫藤均属于绞杀植物。紫藤茎干粗实,具有很强的缠绕能力。2008年,在浙江黄岩桃花潭有一棵两人才能合抱过来的大树,就被紫藤活活缠死了。

紫藤又名藤萝、朱藤,属落叶攀援灌木,3月现蕾,4月盛花,根、种子可入药,有小毒,是优良的观花藤本植物。李白曾有诗云:"紫藤挂云木,花蔓宜阳春,密叶隐歌鸟,香风流美人。"生动地刻画出了紫藤优美的姿态和迷人的风采。暮春时节,正是紫藤吐艳之时,但见一串串硕大的花穗垂挂枝头,紫中带蓝,灿若云霞,灰褐色的枝蔓如龙蛇般蜿蜒……令人遗憾的是,紫藤外表姿态优美,花香宜人,内心竟是"恶毒不堪"!对于被绞死的植物来说,它们简直就是"温柔一刀"!

高大的女贞树为什么会被紫藤绞死呢?原来,植物体内有两类输导组织:一类是输送水分和矿物质的木质部,它位于树干的中心;另一类是输送营养物质的韧皮部,它处于树皮之中。树木被绞杀植物紧紧缠住后,韧皮部的发育和营养物质的输导都会受到影响,严重危及自己的发育乃至生命。女贞树被紫藤绞死的奥秘就在这里。

绞杀植物的种类很多，如桑科的榕属、五加科的鸭脚木属、漆树科的酸草属等，但它们主要生活在热带雨林里。热带雨林中除榕属植物外，鹅掌柴属、麻黄科的克鲁西藤黄属、茜草科的婆婆桂属的一些种类，也有类似的本事。

贝叶棕"魔掌"夺营养

在缅甸、印度、斯里兰卡及我国西双版纳等地，有一种树高20米左右，长得高大雄伟、树干笔直浑圆没有枝丫的大乔木，它的树冠就像一把巨伞，让树周围的弱小灌木相继死亡。这种植物，正是棕榈科的霸主——贝叶棕。

◎ 贝叶棕林

贝叶棕为何能在热带雨林争夺养分的千军万马中傲视群雄？是什么武器让它散发出勃勃生机？原来，贝叶棕长有肥厚宽大的"魔掌"——掌状叶。

在弄清贝叶棕"魔掌"的威力之前，我们先来弄明白：植物的叶子，为什么会出现掌状分裂？

我们知道，植物的叶子形态万千，有圆形、卵圆形、椭圆形、披针形，还有匙形、镰刀形、提琴形等，叶子的边缘有些是光滑的，有的形似波浪，有的则像锯齿。奇怪的是，有的叶片出现了浅裂、深裂、全裂甚至深浅不一的掌状分裂。为什么呢？这得从叶片的作用说起。绿色的叶片，是植物生产养分的重要器官，它离不开光合作用，离不开阳光。而掌状分裂的叶形呈扁平结构，这样可以大表面吸收光能，并且分裂后留下的缺损也不会完全地遮住下面的叶子接受阳光。除此之外，圆形叶每当遇到大风时，因为迎风的面积大而容易被吹折，有了这些分裂缺裂以后，就可以大大减少强风的危害了。

看到这儿，明白了，贝叶棕的掌状叶片正是为了多吸收阳光与抵抗风害进化而成的！跟其他如棕竹、省藤、散尾葵、竹节椰子等耐阴和半耐阴的棕榈科植物不一样，贝叶棕完全属于一种喜阳植物，没有了阳光，它就只有死路一条，于是，掌状叶片应运而生。

贝叶棕又名贝多罗、树头棕、贝多罗叶、行李叶椰子树，生活习性极其奇特，寿命约 35 年至 60 年，一生只开一次花，结一次果，花期在春天的 2 月至 4 月间，但结果却在下一年的 5 月份至 6 月份。一旦开花结果后，贝叶棕就死去了。

我国的贝叶棕随佛教的传播而进入，云南西双版纳的佛寺边常见它的踪影。为什么佛寺边会发现贝叶棕呢？原来，早年，贝叶棕的叶子可用来书写文字，于是贝叶棕的叶子常用来刻写佛经，也就是贝叶经。

像贝叶棕一样为争夺阳光而生出肥厚掌状叶片的植物还有蓖麻等。

王莲巨叶夺养分

在赤道附近的热带雨林里，数以万计的植物相互战争。为了争夺空间和阳光，它们除了努力往高处生长，还要使出各种招数，以求发展。如寄生植物菟丝子、肉苁蓉和藤本植物紫藤、爬树龙往往就先吸收高大树木的养分，然后再缠死它；如贝叶棕则以高大的树冠取胜，它们用遮天蔽日的树荫来阻挡阳光，让树荫下一些矮小的植株因饥饿而死。

在如此恶劣的生存环境中，矮小的草本植物又怎样生存繁衍呢？它们自有妙招。

热带雨林水生植物之王——王莲便是生存技能高手。王莲为睡莲科热带著名水生植物，拥有世界上水生植物中最大的叶片，直径可达 3 米以上，犹如一只只浮在水面上的翠绿色大玉盘；因其叶脉与一般植物的叶脉结构不同，呈肋条状，似伞架，所以具有很大的浮力，能承受六七十千克重的物体而不下沉。将一个小孩放在叶面上，宛如乘一只圆形的小船，优哉游哉，十

◎ 王莲

分有趣。

王莲的花也硕大美丽，直径可达 30 厘米左右，比一般的荷花还要大，有六七十片花瓣，呈数圈排列在萼片之内。一般每朵花可开放三天左右，暮开朝合，且花色随时间变化而变化。第一天傍晚，刚露出水面不久的蓓蕾含情脉脉，呈乳白色，至 19 至 20 时逐渐绽放，并在半小时内就完全开放，花朵洁白如玉，气味芬芳如白兰花，往往会招来许多甲虫，在隔得很开的雄蕊和柱头之间飞来飞去，传花授粉；次日早晨花朵就闭合了，等到傍晚时又再怒放，花瓣则已由白色转变成淡红色；等到第三天花朵开放时，花瓣更进一步加深颜色，由淡红色转变成深红色，最后以紫红色凋谢，并沉入水中结子，繁衍后代。

如此美丽的王莲花，能在热带雨林残酷的资源争夺战中生存下来，得益于它巨大的叶片。热带雨林中，只要有水塘、沼泽适合水生植物生存的地方，往往都伴随着遮天蔽日的参天大树。从树下洒漏的星星点点阳光，便成了各种水生植物的救命稻草。水生植物们为了争夺这少得可怜的阳光，也相互战争。结果，狭路相逢强者胜。俗话说，"身大力不亏"，王莲以它硕大无比的叶片，挤占着其他如浮萍、水葫芦、水草等水生植物的地盘，再以大叶片疯狂地吸收林下的弱光，成功地生存下来。王莲的叶片上密布小孔，叶缘还有两个缺口，大雨时水可以从小孔和缺口迅速排走，保持叶片干燥，避免了叶片积水而造成腐烂，影响其光合作用，也避免了真菌和藻类的滋生。

除了利用大叶片做武器外，王莲还有另一种武器——它的底部满布硬刺，不仅可以排挤周围的植物，占据生长疆域，而且能有效地阻止鱼类的咬啮。

·小贴士·

热带雨林植物：热带雨林是地球上一种常见于约北纬10°、南纬10°之间热带地区的生物群系，主要分布于东南亚、澳大利亚、南美洲亚马逊河流域、非洲刚果河流域、中美洲、墨西哥和众多太平洋岛屿。热带雨林地区长年气候炎热，雨水充足，正常年降雨量大约为1750至2000毫米，全年每月平均气温超过18℃，季节差异极不明显，生物群落演替速度极快，是地球上过半数动物、植物物种的栖息居所。由于目前有超过四分之一的现代药物是由热带雨林植物所提炼，所以热带雨林也被称为"世界上最大的药房"。热带雨林植物是陆地上物种最为丰富的生态系统，种类繁多，且呈现出多层结构。

箭叶蓼资源共享结成"同盟军"

　　箭叶蓼是一种蓼属植物，这类植物都有一个共同特征，遇到昆虫、动物等侵害时会释放一种化学物质，吓跑敌人。科学家做过一个实验，没想到箭叶蓼还会与自己的同类结成"同盟军"，共享养分，共同抗敌。

　　科学家将两株箭叶蓼分别栽种在一株大海蓼和一株蓝禾草的身边，然后向两株箭叶蓼喷洒茉莉酮酸甲酯，以模拟一场攻击。奇妙的是，监测发现，与大海蓼种植在一起的那株箭叶蓼的叶片上立即产生毒素以增强防御并警告同胞；而与异族蓝禾草种植在

◎ 箭叶蓼

一起的箭叶蓼则没有产生毒素,反而比之前长得更欢了。

原来,在蓼属植物原生的环境中,茂盛的植物群落往往会吸引一大群昆虫前来饱餐一顿。如果蓼属植物是和同胞生长在一起的,它们就会向同胞发出警报信号,让集体成员共同御敌;如果它们的身边只有蓝禾草那样的异族,那么它们就会选择将麻烦留给异族邻居,自己则集中精力加快生长,以求在侵害中尽可能地存活下来。

不过,科学家至今还不清楚的是,植物究竟是如何识别出自己的同胞的。

跟箭叶蓼一样结成"同盟军"的还有美洲海南芥。美洲海南芥是一种生长在北美五大湖岸边的开花灌木。当海南芥和异族植物被种植在同一个花盆里时,海南芥毫不犹豫地伸展根系,尽可能多地吸收水分和养料;当海南芥被移栽到近亲植物的花盆里时,海南芥表现出一种自我抑制——阻止自己饥渴的根系与同胞分享资源;当海南芥、异族植物以及亲缘植物被栽种在同一个花盆里时,海南芥的根系生长就表现出既不争夺也不自我抑制的一种和平状态。

看来,海南芥比箭叶蓼的"同盟军"更懂得团结和友爱。

高脚棕榈树"扮猪吃虎"争夺养分

"扮猪吃虎",从词语的来源来看,应该属于粤方言,原句为"扮猪吃老虎"。什么叫做"扮猪吃虎"呢?即是猎人要捉老虎,在无法力擒的时候,就装扮成一只猪,学猪叫,把老虎引出来,待走近时,然后出其不意,猝然向它袭击。这突击结果,虎纵不死也会带伤。以此策略施于强劲的对头,在其面前,尽量把自己的锋芒敛蔽,表面上百依百顺,脸上展开微笑,装出一副为奴为婢的卑躬样子,使他对自己不起疑心,一旦到了时机成熟、有隙可乘之时,才一下子以闪电手段,把他结果了,这就是"扮猪吃虎"的妙用。所谓"扮猪",即孙子所说的"藏于九地之下","吃虎"是"动于九天之上"。

植物界也有"扮猪吃虎"计,那就是高脚棕榈树的示弱计策。

高脚棕榈树属常绿乔木,高约 7 米,干直立,不分枝,为叶鞘形成的棕衣所包;叶子大,集生于顶,掌状深裂,叶柄有细刺;夏初开花,常用于庭院、路边及花坛之中,适于四季观赏。

高脚棕榈树的茎长在支持根上并被举出地面。当周围植物妨碍它采光和吸收养料时,它会采取非常明显的"示弱"行为——向有阳光的一侧长出新的支持根。阴影中的根系则渐渐凋萎,整株植物就移到了阳光充足的地带,开始了另一轮生长。

恰恰相反,自然界还有一种"示强"取胜的植物,它叫活血丹。

活血丹是一种匍匐草本植物,科学家研究了它的"觅食"行为。如果扎根在肥沃土壤中,它们就生出更多的枝、芽和叶,也会更快地形成团状的根以充分吸收养分。然而,如果扎根在贫瘠土壤中,它们伸展得更快、更广,就好像正在逃离此地一样。同时,根状茎变细,分枝形成变少。这意味着新芽距离母体植株更远,正在积极寻找新的肥沃土壤。实验还表明,活血丹的同系植物可以感觉到竞争者根系的存在,即使周围还有充足的养料,它们也会转向其他地区发展。

植物学家发现植物根的这种"示弱""示强"行为是植物"智慧"的一种显示。当植物一旦"发现"附近生长着其他植物,就会马上形成一种新的"折中"的生长模式,来对付相互冲突的各种问题。有植物学家认为这种现象只是由遗传密码决定的机械反应,也有科学家认为,很多植物表现出的行为适应性远远超出了反射或受遗传密码控制的程度。植物的根可以根据土壤中矿物质和水分的梯度分布而生长,但它们并不总是采取这种简单模式。

◎ 示弱的棕榈树

茅膏菜与狼蛛争夺食物

植物不光是与植物之间争夺食物,为了生存,与动物之间同样存在着食物争夺战。

茅膏菜和狼蛛就为了同一种食物而展开你死我活的斗争。一旦食物变得稀缺,狼蛛就会编织更大的网,提高捕获猎物的几率。

茅膏菜是一种小型食虫植物,它和狼蛛选择的栖息地几乎都在同类的地方。茅膏菜的叶子呈玫瑰形,一端具有黏性物质,可用于捕获猎物。而狼蛛则是织一种漏斗式的蛛网令猎物上钩。狼蛛和茅膏菜都采用了相同的被动系统:依赖黏性物质"守株待兔"来捕捉猎物,主要是捕捉跳虫、苍蝇和蚂蚁等节肢动物。

为了证实茅膏菜与动物之间存在着食物战争,美国南佛罗里

◎ 茅膏菜和狼蛛共生

达大学的科研人员专门进行了研究。他们找到 40 只玻璃桶,将每只玻璃桶内装上从附近泥塘中采集的六株茅膏菜。接着,再将 40 只玻璃桶分成五组,然后再在每个桶中做出以下安排:第一组,放入狼蛛与大量食物;第二组,放入狼蛛与少量食物;第三组,不放狼蛛,但放入大量食物;第四组,不放狼蛛,但放入少量食物;第五组,既不放食物,也不放狼蛛。这样做的目的是观察有狼蛛存在以及有食物可食用时会对茅膏菜构成哪些影响。

结果发现,有狼蛛存在的玻璃桶,茅膏菜的健康状况大不如前。狼蛛对茅膏菜产生了多方面的负面影响,比如生成的花柄和种子数量减少。

这项研究首次表明,在陆地环境下,植物与动物王国的成员会为同一种食物资源展开激烈争夺。但由于植物的机械性,往往在与动物的战争中处于下风。

松萝杀死杉树的两个谜团

在云南西北海拔 3000 米左右的原始森林中,随处可见高耸的杉树。在杉树的枝条上,布满了一串串灰绿色的地衣植物——松萝,似乎给杉树穿上了一件衣服。奇怪的是,凡是有松萝的杉树,细嫩枝条从下至上都已枯死。这种现象使得杉树未经任何人工修剪,下部大都没有枝杈,笔直参天。枯死后的枝条掉落在地上,也就不再有松萝附生。

究竟是什么原因产生这种奇特的现象呢? 松萝杀死杉树,竟是一个悬而未决的课题。有人认为是松萝以假根菌穿入寄主的皮层甚至形成层内,吸取枝条的水分和营养,妨碍寄主生长所造成的。这种说法有点牵强,因为松萝与树木是一种附生的关系而不是寄生的关系,但松萝确有假根菌,植入植物体内这也是事实。另一种说法认为,由于枝条上附生了松萝,严重地影响了枝条正常的光合作用，从而导致枝条枯死。不管是什么原因，总之附生有松萝的乔木的枝条枯死、脱落，最后整株死亡。

松萝又称女萝、松上寄生等，为松萝科松萝属植物，松萝以地衣体入药，有清热解毒、止咳化痰的功效，所含的松萝酸的抗菌作用尤为突出。

松萝的结构奇特，它同所有地衣植物门的其他植物一样是藻类和真菌类共生的复合原植物体。绝大多数附生于树干或树枝上，也有少数种类生于地面草地或岩石上。滇北就有一种悬垂于杉树上的长松萝，它呈细丝状，柔韧，悬垂，长度最长达 1 米以上，就像一层层的胡子，所以又俗称树胡子，也被称为环境监测器。只有环境好的地方，长松萝才生长得好，当环境遭到污染的时候，长松萝就会变黑，甚至慢慢地消失。

长松萝还可食用，如长松萝炒鸡蛋，有一种酥酥脆脆的感觉。

◎ 挂在杉树上的松萝

镜头三

防御动物

植物经常会受到动物的伤害，因为几乎所有的动物都直接或间接以植物为食。植物因此采取各种办法来进行自我保护。很多植物并不是干等着食草动物来吃它们的叶子的，它们亦会采取反击手段，而且用的是致命武器……

橡树智防舞毒蛾

　　1981年，一种名叫舞毒蛾的森林害虫在美国东北部的橡树林大肆蔓延，把4平方千米的橡树叶子啃食精光，橡树林受到了严重危害。可是到了1982年，当地舞毒蛾突然销声匿迹，而橡树林则郁郁葱葱、生机盎然。这使森林学家们感到非常奇怪，因为舞毒蛾是一种极难扑灭的森林害虫，怎么会自行消失呢？通过分析橡树叶子的化学成分，科学家发现了一个惊人的秘密：在遭到舞毒蛾咬食之前，橡树叶子中的单宁酸不多，但在咬食之后，叶子中的单宁酸大量增加。单宁酸同舞毒蛾体内的蛋白质结合后，使得叶子难以消化，因此吃了含大量单宁酸的橡树叶子，舞毒蛾自然变得食欲不振，行动呆滞，很不舒服，结果不是病死，就是被鸟类吃掉。正是依靠单宁酸这种奇特的武器，橡树林战胜了舞毒蛾。

　　橡树属壳斗科栎属，为大型常绿乔木，原产于北印度、马来西亚及印尼一带，现在世界各地均有种植。橡树是世上最大的开花植物，生命期比较长，它有高寿达400岁的。果实是坚果，一端毛茸茸的，另一头光溜溜的，好看也好吃，是松鼠的上等食品。橡树

◎ 橡树

形态优美，树冠像一座宝塔，高可达 24 米。

橡树是美国国树。橡树树冠有多大，树根就有多广，西方人觉得橡树是壮悍强大的象征。德语就有谚语说"一掌推不倒一棵橡树"。

橡树是一种极其

◎ 舞毒蛾幼虫

"聪明"的树种，它是植物，却具有动物的大脑和四肢。

首先，橡树具有完善而强劲的自我保护体系，有一整套对付天敌的本事。一是要防止食草动物前来啃吃。它的嫩叶成长时，其中的毒素和纤维也会同步增加，变得非常坚韧，养分却日渐减少，于是，也就不那么甜美好吃了。橡树还会把自己的外皮长得硬而韧，这样，就可以抗拒动物的啃食，也能防止机械的伤害了。此外，橡树还得防止蚂蚁等昆虫的侵略。为此，它会长出一个个大瘤子，以便设置种种障碍。同时，它还会分泌出单宁酸，来对付骚扰它的昆虫幼虫，即面目可憎的毛毛虫之类。毛毛虫吃下了带单宁酸的叶子，新陈代谢就会大大减慢，即使能够发育为成虫，大不了也只是个病包儿。最后，橡树把自己的种子用坚硬的外壳包裹起来，一般吃硬果的动物还真啃不动它哩。

另外，橡树独创出一种"可持续发展"的策略，可圈可点。别的大树，叶子都落得很快，刚刚西风凋碧树，已经吹落黄花满地金了。唯独橡树，树叶是阶段性改变色彩的。到初秋，橡树还是满树深绿，有如天外飞来一座葱茏。渐渐地，叶子开始泛黄了，就像德国童话里，巨人的满头金发，在风中还会发出清越的龙吟。慢慢地，层林这才尽染起来，成了愁红一派。那时，直叫人有"霜叶红于二月花"之感。最后，叶子开始陆陆续续掉下，掉下也不争这个秋，只是缓慢地疏远脱离，犹如美人迟暮，还在爱惜容颜。一棵橡树把叶子掉光要花好几个月时间，在这几十个秋风秋雨的日日夜夜，橡树依然保持着风度，护理着容貌。欧洲秋天短,春天来得又晚,初冬顺脚就入了深秋,所以,在冬天还可以看见常绿的橡树。

驼刺合欢树与长颈鹿的生死防御

数百万年前,由于大群的羚羊、角马、斑马吃光了南非草原上所有的草,忍让的长颈鹿只好向"高层次"发展,它们伸出长长的脖子,身高平均达到5.8米,可以吃到

◎ 驼刺合欢树可以捕杀小鸟

驼刺合欢树冠上的叶子。驼刺合欢最初的防御措施是:在叶子间长出5厘米长像钢针一般坚硬的刺来,这些刺实际上是变态叶。

长颈鹿采取了两种措施来对付这种刺:第一,长颈鹿的舌头、喉咙、食道和胃壁都长了厚厚的皮制"铠甲",就算吃下去几千克"钢针",它们也不会受伤;第二,长颈鹿吃叶子的时候,从不会垂直对着树枝下嘴,而是活动下颌从侧面捋着吃,这样它们只接触刺的侧面而不会碰到刺尖。此外,长颈鹿的舌头长而且窄,舌尖可以灵巧地卷住薄薄的叶子,并把刺从叶子中挑出来。

可是驼刺合欢又有应付的方法了:一旦长颈鹿开始在一棵树上吃叶子,10分钟之内,这棵树就开始在叶子里生产出一种毒素,量大时可以致命。南非动物学家乌特尔·霍文发现,这种毒素就是被化学

◎ 长颈鹿徘徊在驼刺合欢树旁

家称为单宁酸的鞣酸，如果动物把它随着叶子一道吃下去，就会有越来越强烈的恶心的感觉，于是就停下不吃了。只要停得及时，毒素不会导致太糟糕的后果。

当旱季到来，饥饿的大群羚羊争先恐后地啃吃驼刺合欢的叶子，然后痛苦万状地死去时，在草原上自由行动的长颈鹿已想出了对策。它们在一棵驼刺合欢上啃叶子的时间，通常为 5 至 10 分钟，一旦品尝出毒素的苦味，它们就踱向下一棵树。然而，驼刺合欢却采用了一种令人难以置信的方法，决心毁了长颈鹿的美餐。原来，正在被长颈鹿啃吃的树不仅放出毒素保护自己，同时还释放出一种警告气味，向附近的驼刺合欢发出信号："注意！敌人来了！快救你们自己吧，现在就开始放毒！"借着风的帮助，50 米内的其他树都收到了警报，便立即开始行动——在 5 至 10 分钟内释放毒素。当长颈鹿走到它们那里去吃的时候，甚至 1 分钟不到就得草草收场。没吃饱的长颈鹿只好再往前走，而树则保住了它们的外衣。

尽管驼刺合欢树似有"心灵感应"的本领，但是长颈鹿也很狡猾，它一旦发觉嘴里的叶子开始变苦，再换另一棵树的时候就不再随意去找，而是逆着风去找另外一棵还没有收到警报的树。若是没有风，它就会跑上至少 50 米，也就是跑出气味警报的范围才又开始啃叶子。

另一种合欢树对付长颈鹿则有一个绝招：它每一根刺都从一个小萝卜那么大的球体里伸出来，假花散发出浓郁蜜香招引了蚂蚁。蚂蚁发现那个空球体很适合居住，于是筑巢留了下来。这样蚂蚁就成了树的"贴身保镖"，能阻止各种吃叶子的动物。而长颈鹿对蚂蚁的惧怕远远超过对刺的惧怕，避之唯恐不及。现在，这种奇特的"蚂蚁合欢"在塞伦盖提草原上的数量大大增加，植物就是这样极其巧妙地保护自己不被啃得光秃秃。

现在看来，大自然预先采取了措施，既不让合欢树被长颈鹿吃秃了，也不让长颈鹿饿死——没有一种树木和草会被消灭光，也没有一种动物被剥夺了生存的权利。动物和植物之间就像是订立了一项"和平协议"。

咖啡树防御昆虫施毒品

为什么咖啡树的果实里含有咖啡因？难道它就是为了让人们悠闲地享用吗？恐怕不是这样。这个对我们有提神和镇定作用的物质其实是一种毒素，是真正的杀虫剂，是咖啡树用来防御、杀死那些要吃它的果实或叶子的昆虫及其他动物的武器。

生物学家给蝴蝶幼虫和蚊子幼虫施了小剂量的咖啡因，它们就不再吃东西了，像触了电似的到处乱爬，生长也停止了。如果施用大剂量，它们会在 24 小时内死掉。而喷过咖啡因的番茄，也再没有什么啃叶子的昆虫会去碰了。

咖啡因是从咖啡树结的果实中提取的。咖啡树为茜草科多年生常绿灌木或小乔木，成熟的咖啡浆果外形像樱桃，呈鲜红色，果肉甜甜的，内含一对种子，也就是咖啡豆。世界上最主要的咖啡因来源是咖啡豆(茶中也能提取咖啡因)，同时咖啡豆也是咖啡的原料。

人们发现咖啡树还有两个传说。一个传说是，13 世纪，埃塞俄比亚有个王子，发现他的骆驼特别爱吃一种灌木上的小浆果，而且吃后显得格外兴奋，精力充沛。于是他自己也采了一些小浆果品尝，最终就发现了这种提神醒脑的咖啡饮料。另一个传说是，公

◎ 结了咖啡豆的咖啡树

元前 500 年的一天，一个埃塞俄比亚的牧羊人把羊群赶到一个陌生的地方放牧。在一个小山岗上，羊群吃了一种小树上的小红果，傍晚归来后，羊群在围栏中一反常态，不像平日那样驯服平静，而是兴奋不已，厮打鸣叫，甚至通宵达旦地欢腾跳跃。主人原以为羊吃了什么草中毒了，几次起床打起灯火细看，却见羊群精神抖擞，活蹦乱跳，不像中毒疼痛的样子。第二天早上，牧羊人准备把羊群赶到另一个地方放牧，打开围栏后，羊群拼命地往长有小红果的山上跑，牧羊人怎么鞭打阻拦都无济于事，牧羊人精疲力竭，只好尾随羊群来到小山岗上。牧羊人见每只羊都争抢着去吃小红果，感到十分奇怪，于是就采摘了一些小红果咀嚼品尝，发现这种小红果甜中带有一些苦味。放牧归来，牧羊人感到无比兴奋，一夜难以入眠，甚至想跟随羊群手舞足蹈地跳起来。小红果的神奇作用很快传开了，埃塞俄比亚的牧羊人四处采摘小红果咀嚼，并拿到市场上出售。后来，这种小红果就发展成了当今世界最走红的咖啡饮料。

咖啡因是一种生物碱，有祛除疲劳、兴奋神经的作用，大剂量或长期使用会成瘾，因此被列入受国家管制的精神药品范围。作为自然杀虫剂，它能使吞食含咖啡因植物的昆虫麻痹。当然，正因为有了这种生物碱，也使咖啡树、茶树、烟草等植物躲过了昆虫的侵害，安然度过了一生。

阿尔卑斯山上的落叶松也十分有趣，幼时嫩芽被羊吃掉后，它就在原来的地方长出一簇刺针。于是，新芽就在刺针的严密保护下安然地成长起来，一直长到羊吃不到它时，才抽出平常的枝条。

植物的自卫手段，有时还有很大的杀伤力。中美洲有一种博尔塞拉树，不仅动物怕它，连人都怕它。若是动物或人捋它的叶子，周围 15 厘米范围内的叶子就会向他们劈头盖脸地浇下一种具有腐蚀性的液体，简直是一种"液体大炮"，令入侵者心惊胆战。

松树与甲虫的生死决斗

　　松树是一种常绿乔木，高 20 米至 50 米，美国的糖松甚至高达 75 米。松树为轮状分枝，节间长，小枝比较细弱平直或略向下弯曲，针叶细长成束。因此，其树冠看起来蓬松不紧凑，"松"字正是其树冠特征的形象描述。所以，松就是树冠蓬松的一类树。目前，世界上的松树品种约 115 种，如红松、罗汉松、白皮松、赤松、白松、黄花松等，常见的还有雪松、黑松、马尾松。

　　别看松树高大挺拔，身大憨厚，它也不是个糊涂虫，遇到敌人来犯，会施巧计与之周旋。

　　在美国西部的松树林中，生活着一种以山区松树为食的甲虫，它们一直与那里的扭叶松和西黄松厮杀得难解难分。这是一种生死存亡之争，要么是甲虫杀死松树而繁衍后代，要么是松树杀死甲虫而存活下去。

　　一只甲虫在松树上钻了一个洞，深入到

◎ 被甲虫损坏的松林

黑暗的树身内部。当它刚刚钻进去,松树就开始了反攻。松树开始杀死那些创口附近的细胞,用黏稠的松脂去淹没进犯的甲虫,黏结它的道路,堵塞它钻开的孔洞。当松脂涌进洞口,甲虫们就立即把松脂清除出去。

这一斗争也许要持续几天或者几个星期,然后甲虫们才能开始扩大空间的咬啮活动,有了足够的开阔空间它们才能产卵。松树体内流出的松脂十分黏稠,可是甲虫却能够从松脂中爬出,也能把松脂弄到一边去。总之,它们能够不被粘住。

那些松树分泌的松脂含有一种被称为萜烯的特殊化学物质,它能毒化空气,使甲虫新开辟的孵化室充满毒气。萜烯就是那种使松林闻起来有一种特殊气味的物质。当松树力图用一团死细胞和有毒的胶质黏液来困杀甲虫时,全力反击的雌甲虫也在召唤自己的盟友,帮助它战胜强大的敌手。

雌虫从松脂中开出一条路来边爬边吃一些松脂,还把松脂中一些萜烯转变成一种特殊的、挥发性的香气。这香气的诱惑力很大,转眼之间就有成百上千的同类甲虫飞临这棵树,然后不待号令便动手一齐向树干中间钻起来。 这些甲虫在树上钻洞,松树就向它们释放毒素。通常情况下,松树会打败对手, 甲虫们或者被杀死或者被迫迁往别处。可有时由于甲虫的数量过大,松树的抵抗就会失败,甲虫就会在被征服的松树上定居下来,在那里繁衍后代。

马尔台尼亚草痛击猛狮

非洲有一种叫做马尔台尼亚的草,其果实的两端像山羊角般尖锐,生满针刺,形状相当可怕,有人因此称它为"恶魔角"。"恶魔角"不仅形象狰狞,而且威力无比,竟能杀死企图吞食它的大型兽鹿和狮子。这种果实成熟后落入

◎ 马尔台尼亚草痛击猛狮

草中，当鹿来吃草时，果实就会插入鹿的鼻孔，于是鹿疼痛难忍，竟发狂而死。

"恶魔角"有时长在狮子出没的地方，狮子活动时会被它蜇痛。当狮子发怒一口把它吞下去时，"恶魔角"上的尖刺就会像铁锚一样牢牢定格在狮子的食道里。威风凛凛的狮子此时什么东西也吃不下了，只能等着活活饿死。"恶魔角"如此厉害，其实只是为了防止自己的果实被动物糟蹋，以保证马尔台尼亚草可以传宗接代。

布尔塞拉防御动物喷苦汁

在埃塞俄比亚、秘鲁、南非等地的原始森林中，有一种名叫布尔塞拉的针叶树，防御动物的"射击术"堪称绝技。如果你是个喜好攀折花木的人，不经意间从它的树枝上摘下一朵花或一片叶子，那么就有好瞧的了：在树叶的断口处，即刻会喷射出一种令人讨厌的黏性液体，溅得你满身都是。这种喷射可持续 3 至 4 秒，射距达15 厘米。

◎ 布尔塞拉防御猕猴

经化验得知，这种黏性液本是此树在长期进化中合成的一种名叫萜烯的化合物，它遍布于枝、叶的树枝管道中，形成一个高压网道，随时准备捍卫自己。布尔塞拉对付虫子也有一套。当它的叶子部分受损时，会有一种快速浸没反应。即它会让释放的萜烯类物质快速流遍受损叶片，在几秒钟内就能覆盖叶面至少一半的面积，迫使虫子窒息或快速逃离。

萜烯简称萜，是一系列萜类化合物的总称，广泛存在于植物体内，可从许多植物，特别是针叶树中得到。萜烯化合物在海洋生物体内也能提取，据统计，目前已知的萜类化合物的总数超过了 22000 种，它们是研究天然产物和开发新药的重要来源。萜类化合物大多具有苦味，有的还非常苦，所以当布尔塞拉树喷射出这种汁液时，会让人或虫子"苦不堪言"，快速逃离。

刺槐"遥相呼应"毒死非洲羚羊

在非洲广阔的草原上，生活着六十多个不同种类的羚羊大家族。身高 2米，体重 1 吨的旋角大羚羊敏捷灵活，能跑善跳；有一双和山羊相似的蹄子

的山羚，在崎岖不平的山道上攀上跳下，如履平地；貂羚后掠角长达1.5米，不时看到它与猎豹搏击；非洲地壳小羚羊因身材

◎ 被刺槐毒死的非洲羚羊

娇小、孱弱，在一些灌木丛下谨慎觅食。

然而有一天，非洲当地土著却发现上百只羚羊在成片的它们爱吃的刺槐树旁饿死。事件惊动了科学家，于是对羚羊的尸体进行了解剖。结果发现，羚羊体内单宁酸含量过高，它们的胃里有大量不消化的树叶。

于是，针对这个问题的实验展开了。

有人带了一组学生，拿着棍子去敲打动物尸体旁边的刺槐树叶，每隔15分钟对树叶进行一次分析，结果他们发现，树体内的单宁酸数量在有规律地增加。树叶在遭受了两分钟的"虐待"后，单宁酸的含量达到了起初的2.5倍。树叶遭到袭击后的100分钟，刺槐树叶里的单宁酸比率才恢复正常。

难道是羚羊在啃食刺槐树叶的过程中，让树叶产生了有毒物质单宁酸？研究人员又重新开始实验，这次，他们赦免了其中的几棵树。这些树位于一棵挨揍的树的不远处，奇怪的是，虽然这些树免受了"皮肉之苦"，它们体内的单宁酸却跟挨揍的树一样，也增加了。这说明刺槐树木之间，有一种"无线电波"在联络。科学家通过对单宁酸的分析，认为这是一种气体荷尔蒙，它们会从一棵植物散发出来对邻近植物产生影响。

跟刺槐一样，当敌人来犯会产生有毒物质的还有油松。油松

在被油松毛虫啃食后，氨基酸含量下降，单宁酸和生物碱含量上升，当油松毛虫再来取食时，会发现原先美味可口的松叶变得没有营养，而且很难吃，油松毛虫的产卵数量就会减少，毛虫也会大量死亡。

在长期的进化过程中，植物的有些行为会变得越来越复杂，甜菜夜蛾幼虫啃食伤害玉米时，玉米会立即释放挥发性的萜类物质，吸引夜蛾的天敌寄生蜂。会发"请柬"的植物还有棉花、菜豆和白菜等。植物与动物之间"你进一尺，我进一丈"的协同进化，对植物的生存、物种的繁衍具有十分重要的意义。

棉豆防御叶螨搬动物救兵

棉豆是一年生或多年生缠绕草本植物，原产于热带美洲，现广泛种植于热带及温带地区。我国云南、广东、海南、广西、湖南、福建、江西、山东、河北等地均有栽培。

棉豆的种子有补血消肿的功用，是人们的宝贝。可是，棉豆在生长过程中，往往会遭到叶螨等害虫的危害。

红、黄蜘蛛等叶螨危害凶猛，一旦在农作物上安家，"三天当外婆"，几天之内会给植株落下千千万万螨子螨孙。它们专吃植

◎ 捕食螨帮棉豆捕食叶螨

株叶片的叶肉细胞，给叶面上留下斑斑点点或弯弯曲曲的痕迹。不仅如此，有些叶螨还钻到植株叶柄或茎中，雌成虫则将产卵器插入叶片，将叶片刺出许多小孔。被刺伤叶片的植株光合作用减少，导致幼小的植株死亡。另外，这些伤口又为各类病害敞开大门，患上如菊花细菌性叶斑病等花叶病。

面对叶螨，不少植株选择了束手就擒，棉豆却奋力反抗。从叶螨啃食棉豆叶片的第一口开始，棉豆就开始了独特的自救——经叶螨啃食的伤口中，会分泌出一种名叫氢氰酸的化学物质，这类物质会散发浓郁的令人窒息的气体并向四周扩散。

不多久，便见棉豆身上又来了许多"不速之客"，它们专捡有叶螨的地方下手，将叶螨一只只扑在身下，用尖利的嘴巴直刺入叶螨的身体，将它们全数吃光。

这些"不速之客"，便是叶螨的天敌——捕食螨。捕食螨是以捕食其他动物为生的螨类，生活在地面的有以捕食小型节肢动物及其卵、线虫的如巨螯螨等，生活于植物的有如捕食小型昆虫、螨类及其卵的植绥螨、长须螨、巨须螨等。

捕食螨正是闻到棉豆身上散发出的氢氰酸的气味后赶来救场的。所以，遭受叶螨危害的其他植株千疮百孔，唯有棉豆不受侵扰，生活得活色生香。

必须注意的是，由于棉豆会分泌氢氰酸，长成后的食用种子也含有氢氰酸，氢氰酸有剧毒，所以食用前千万要用水煮沸，然后换清水浸泡。

同样会巧搬动物救兵的植物还有卷心菜。

卷心菜是我们日常生活中常食用的菜蔬之一，又名洋白菜、疙瘩白、包菜、圆白菜、包心菜、莲花白等，在我国东北、西北、华北等地区春、夏、秋均广泛种植。每年春秋之季，卷心菜都会遭到菜粉蝶、甘蓝夜蛾的侵袭。但是，当卷心菜叶片遭到菜粉蝶幼虫的取食后，它们会立即释放出一种特殊的香味来吸引远处的"医生"——菜粉蝶的天敌粉蝶盘绒茧蜂。

另外，大豆植株的叶片受到蚜虫咬食后，散发的香味也可吸引蚜虫的天敌——瓢虫。

研究人员发现，植物普遍拥有产生清香的酶。植物叶片受伤后会流出绿色的汁液，同时散发出特殊的香味，其中含有一些挥发性信息化合物，可引诱害虫的天敌前来清除害虫。这个发现可以帮助那些不能散发挥发性信息化合物的植物来防虫。比如，十字花科的拟南芥就不能吸引害虫的天敌。于是，研究人员利用转基因方法，将青椒合成香味酶的基因导入拟南芥中。拟南芥经转基因操作后，一旦被菜粉蝶的幼虫啃食叶片，它散发的清香便会增强。这种清香会传播得很远，吸引来菜粉蝶的天敌粉蝶盘绒茧蜂。这种寄生蜂把卵产到菜粉蝶幼虫身上，在菜粉蝶幼虫形成蛹之前就可以把幼虫吃个精光。

三齿蒿御敌搬植物救兵

聪明的棉豆遭到叶螨的进攻后，会搬来动物救兵食肉螨。世上还有一种更聪明的植物，它们无法搬来动物救兵，却利用害虫的天敌——驱虫植物烟草来自救。

这类植物名叫三齿蒿。

三齿蒿生长在北美洲一带，丛生为主，长得高大茂密，下面常有艾草松鸡出没。三齿蒿开紫红色小花，叶片呈掌状三齿状态，叶片肥厚，散发出浓郁的香味，有人用来提取香精。

因为三齿蒿特殊的芳香气味，也引来蚜虫、虫瘿、玉米螟、棉铃虫、刺蛾等害虫的偷袭。但是，一旦三齿蒿的叶子被昆虫侵害，它就利用这种缺口，散发

出独特的芳香
物质向它的"邻
居"——烟草求
救。

烟草对三齿
蒿的芳香特质

◎ 三齿蒿的救兵烟叶

"过敏"。收到报警,烟草便也警觉起来,从身体上分泌出一种特殊
的驱虫物质,向三齿蒿的害虫杀去。

烟叶的杀虫功效是赫赫有名的,那些害虫闻到烟草的恶臭味
儿后,自然逃离这片国土了。于是,三齿蒿又与烟草一道,享受着
这片土地上宁静的生活。

三齿蒿还是一种强势植物,为了独霸地盘,常向竞争对手"投
毒"。在三齿蒿生长的地盘上,它从不允许任何植物生存,连一根
杂草也不放过。放眼望去,这些地方除了三齿蒿和它的"表亲"肉
叶刺茎藜,再没有别的植物。植物学家研究发现,三齿蒿是靠分泌
出一种有毒物质给生长在它的势力范围之内的其他植物"投毒",
这样就达到了独霸一方的目的。

海芋装病避巢蛾

棉豆、三齿蒿等植物拥有超强交际能力,能搬来动物兵、植物
兵。那些性格内向、不善言辞又没有高科技通信工具的植物在遭
到敌害时,又会怎么办呢?

一种天南星科植物——海芋,想出绝招,用装病来避开一种

叫巢蛾的昆虫的危害,让自己渡过了难关。

这种海芋生长在南美洲厄瓜多尔的茫茫雨林中。一旦巢蛾季节来临,海芋的叶片上就会出现一种已经遭到巢蛾侵害时才会出现的白斑。巢蛾以为这些海芋再也没油水可捞了,于是避而远之,转攻其他植物。如果海芋不伪装,雌性巢蛾就会把它的卵产在它的叶片上,等虫卵吸收了叶片的营养孵化出来后,海芋就会因叶片坏死而整株死亡。

几百年来,植物学家都认为植物叶片出现色斑是一种正常现象。有的植物品种天生就有叶片色斑,而有的植物色斑则是后天形成的,大多是遭受病害或虫害后引起的。病虫害会导致叶片局部区域失去叶绿素而出现白斑,如果有其他色素补充过来,则出现彩色的色斑。

无论植物是哪种原因形成的色斑,对植株的成长都是不利的,因为没有了叶绿素,光合作用就难以完成。现在,海芋的伪装表演,让人们对植物色斑有了新的认识。原来,植物也可以通过色斑来形成一种拟态和保护色,让巢蛾以为它们是营养不良的有病植物而不屑侵害。

难道巢蛾真的分不清哪个是真正生病的海芋,哪个是装病的植物吗?

科学家们进行了研究。他们把白漆涂到几百片健康的海芋叶子上,再摆放到巢蛾经常出没的区域去。结果发现,这些涂了白漆的海芋,很少遭到巢蛾的侵害,而没有伪装的海芋,则大多遭到巢蛾的侵袭。这个实验说明,巢蛾是靠眼睛看而不是靠嗅觉闻的,会装病的海芋的伪装策略是完全正确的,它们通过伪装有效地抵御了害虫的进攻。

◎ 海芋

◎ 巢蛾

在海芋的种群中，不少植株上出现绿叶与斑叶共存的现象，这说明两者在长期演化过程中都发挥了重要作用。斑叶上光合作用的缺失可能正好与其不易被害虫攻击相抵消。研究人员相信，斑叶能在长期进化的野生植物上保留下来，表明它具备一定的进化优势。

· 小贴士 ·

斑叶植物：斑叶植物指的是叶片上具有黄、白或乳白色的斑纹、斑点或镶边的植物。比较常见的斑叶植物有斑叶八角金盘、斑叶山菜豆、斑叶日本珊瑚、斑叶水冬瓜、斑叶曲梗龙血、斑叶百合竹、斑叶竹芋、斑叶竹叶草、斑叶沿阶草、斑叶常春藤、斑叶长阶花、斑叶垂叶椒草、斑叶垂榕、斑叶珊瑚凤梨、斑叶红淡比、斑叶红雀珊瑚、斑叶风铃花、斑叶香天竺葵、斑叶柃木、斑叶海桐、斑叶球兰、斑叶英迷、斑叶莫洛苔、斑叶连线草、斑叶钓浮木、斑叶伞草、斑叶短叶竹蕉、斑叶紫锦草、斑叶华凤仙、斑叶菖蒲、斑叶圣奥古斯汀、斑叶熊掌木、斑叶蜘蛛抱蛋、斑叶蔓榕、斑叶锦竹草、斑叶龟背芋、斑叶拟美花、斑叶鹅掌藤、斑叶露兜树、斑叶郁金香等。斑叶植物一般是由于植株变异、病虫害、风沙等自然灾难留下的特殊叶片植物。

大果西番莲伪装蝶卵骗蝴蝶

海芋等植物会装病骗过动物,大果西番莲更是棋高一着,用伪装卵骗过蝴蝶,给自己留下了更大的生存几率。

在我国广东、海南、广西等地,有一种热带植物——大果西番莲,它的茎为四棱形,叶宽卵形,果实特大,果实和百香果一样可供食用,是当地农民种植的瓜果作物。

每年3至4月,蝴蝶就该四处寻找地方产卵了。奇怪的是,蝴蝶来到大果西番莲的身边做短暂停留之后,总是"摇摇头"飞走,似乎还在叹息。

难道大果西番莲的叶片不适合蝴蝶产卵吗?细心的瓜农细看叶片,惊讶地发现,在大果西番莲叶片的托叶上,早已布满密密麻麻的蝴蝶卵。

◎ 大果西番莲

原来,是有其他蝴蝶捷足先登了!一旦这些蝶卵在植株上孵出毛虫,大果西番莲还不危在旦夕?

转眼间,瓜农就破涕为笑了。原来,那些蝶卵竟是大果西番莲的托叶伪装的,密密麻麻的蝶卵根本就是一些植物细胞体!喜欢良好产卵环境又独霸心强的蝴蝶见有其他蝴蝶在上面产卵了,自然惋惜地飞走了。

南方自古多蝴蝶,大果西番莲巧避敌害,也是植物多年进化的结果。

虎耳草御敌用黏液

我国已故著名作家沈从文先生生前十分喜欢一种叫虎耳草的植物，家里一盘虎耳草，常年被他种植在一个椭圆形的小钧窑盘里。沈从文先生在小说《边城》里有专门对虎耳草的描述。

沈从文先生对虎耳草情有独钟，除了《边城》，在小说《长河》及一些散文里也写到过这种植物。

时任湘西凤凰县旅游局局长的田时烈在《家乡人迎葬沈从文》一文中，也提到沈从文极爱虎耳草的情景。1982年沈从文从北京回家乡凤凰，小船在杜田的凉水井旁边靠岸后，沈从文上岸去看了虎耳草，"井旁岩壁上长满了茸茸的'虎耳草'，沈先生告诉我们'虎耳草'很能适应各种土质，开小白花，是消炎去毒的一种好药。看！它们每片叶子都很完整，虫子是不敢去咬它的。农民常用它消除一些无名肿毒。我以前没注意过这种小草，这时便走近岩壁上细看'虎耳草'叶子，真的每片叶子都很完好，没有一点虫咬的痕迹"。沈从文去世后，亲友们特意采了虎耳草来，"小心翼翼地把它栽在墓碑石下的周围"。

植物一般都难逃遭到各类动物侵害的命运，虎耳草为什么会"独善其身"，免遭涂炭呢？原来，虎耳草有一种专门对付害虫的有毒的化学武器——黏液！

◎ 虎耳草

虎耳草将分泌出的黏性分泌物散布在叶面皮及茎部表面上，等那些贪心的虫子爬上来后，便会被这些黏液分解。

虎耳草为虎耳草科植物，生于海拔 400 米至 4500 米的林下、灌丛、草甸和阴湿岩隙。原产地为中国，朝鲜、日本也有分布。它是一种蔓生植物，有瀑布状的纤匍枝，可广泛栽种，作为观赏植物。虎耳草的黏液中含有生物碱、硝酸钾及氯化钾、熊果酚甙，其叶绿体中所含的酚酶能将顺式咖啡酸氧化为相应的邻位醌，后者经自然氧化而生成马栗树皮素。虎耳草正是运用其中的生物碱将昆虫杀死，现在人们还利用生物碱生产杀虫剂。

虎耳草的学名非常奇妙，从拉丁语直译过来就是割岩者，这是因为虎耳草喜欢生长在背阳的山下及岩石裂缝处的缘故。长时间下来，或许真的可以割开岩石也说不定！因此，虎耳草的花语是"持续"。

仙人掌御敌长尖刺

养过仙人掌的朋友便知道，仙人掌是惹不起的主儿，谁要是敢去招惹它，管教你尝到"血的教训"。仙人掌是一种沙漠耐旱植物，为了适应沙漠的缺水气候，仙人掌的叶子早演化成短短的小刺，这除了减少水分蒸发外，还能阻止野骆驼、鸵鸟、沙蜥、火鸡、黑秃鹰等动物的吞食，是一种防御敌人的有力武器。

如今世界上大约有 2000 个仙人掌品种。在这两千多个品种中，一半左右产在墨西哥。相传，神赐予了墨西哥国仙人掌，因此墨西哥又称为"仙人掌之国"。仙人掌是墨西哥的国花。高原上千姿百态的仙人掌在恶劣环境中，任凭土壤多么贫瘠，天气多么干旱，它总是生机勃勃，凌空直上，构成墨西哥独特的风貌。为了展示仙人掌的风采，弘扬仙人掌精神，每年 8 月中旬，墨西哥国都要在首都附近的米尔帕阿尔塔地区举办仙人掌节。

◎ 沙漠中的仙人掌

据说，墨西哥有101种烹调仙人掌的方法，蒸炸煮炒，腌渍烧烤，或作料凉拌，无所不能。其中辣炒仙人掌、蛋煎仙人掌和仙人掌沙拉是最为著名的几种。人们吃仙人掌吃的是它嫩茎的部分，用仙人掌叶片做菜，通常是去刺去皮后，水煮、切片、加油、放入调料即成凉菜，若做热炒，则不需水煮直接切后烹饪。

仙人掌中有许多庞然大物。在我国江西省遂川县枚江乡中团村发现一株巨型仙人掌，长成了"参天大树"，足有5.2米的傲人身高，可谓"鹤立鸡群"，格外抢眼。这株仙人掌每年开花两次，开出的花朵红黄相间，煞是可爱，吸引了附近很多游客前来观赏。一些长着棘刺的仙人球，有的寿命高达500年以上，可长成直径两三米的巨球，人们劈开它的上部，挖食柔嫩多汁的茎肉解渴充饥。

仙人掌类植物还有一种特殊的本领，在干旱季节，它可以不吃不喝地进入休眠状态，把体内的养料与水分的消耗降到最低程度。当雨季来临时，它们又非常敏感地"醒"过来，根系立刻活跃起来，大量吸收水分，使植株迅速生长并很快地开花结果。有些仙人掌类植物的根系变成胡萝卜状，可贮存七八十斤水。曾经有人把一个仙人球包在干燥的纸袋里放了两年多，尽管有些皱缩，但重新放回花盆里浇水后又很快长出了新根，并恢复生长。仙人掌以它那奇妙的结构、惊人的耐旱能力和顽强的生命力，受到人类的赏识。

还是来说说仙人掌特殊的御敌武器——仙人掌刺吧！仙人掌刺的数量多少以及排列、色彩、形状等变化无穷，给人以美的享受。刺的形状主要有锥状、巴首状、钩状、锚状、栉齿状和羽毛状等。有些仙人掌刺长甚至达到22厘米以上，但也有些种类的刺退化或仅留痕迹了，如星球、乌羽玉、松露玉等。仙人掌就靠它的这些"刺武器"顽强地生存在沙漠中，让啃食沙漠植物的沙漠动物"望掌兴叹"，及至壮大成今天的"墨西哥仙人掌大军"，甚至遍布世界各地。

箭毒木防御敌人"见血封喉"

清朝末年，我国云南西双版纳地区一位傣族猎人，一次狩猎时被一只狗熊紧紧追逼而爬到一棵大树上。狗熊也紧跟着爬上树来。危急时刻，猎人随手折断一枝树杈刺向狗熊。奇迹发生了，狗熊立即倒毙。

见狗熊口吐白沫，傣族猎人疑惑起来，难道大树的树杈有毒？他将树杈带回家，又刺到猪的身上，猪也出现了和熊一样的惨状。傣族猎人明白了，那是一棵剧毒树，于是将它取名叫箭毒木。从那以后，西双版纳的傣族猎人在狩猎前，常把箭毒木的汁液涂在箭头上，制成毒箭来对抗猛兽，凡被猎人射中的野兽，只能走上三五步就会倒毙。因此，人们把箭毒木称为

◎ 箭毒木

"死亡之树"。

箭毒木并非西双版纳独有。相传,美洲的古印第安人在遇到敌人入侵时,女人和儿童在后方将箭毒木的汁液涂于箭头,运到前方,供男人在战场上杀敌。印第安人因此而屡战屡胜,杀得入侵敌人尸横遍野,保住了自己的家园。据史料记载,1859年,东印度群岛的土著民族在和英军交战时,把箭头涂有箭毒木汁液的箭射向来犯者,起初英国士兵不知道这箭的厉害,中箭者仍勇往前冲,但不久就倒地身亡,毒箭的杀伤力使英军惊骇万分。

箭毒木很少遭到动物的危害,原因就是它体内的剧毒。箭毒木是一种桑科植物,杆、枝、叶都含有剧毒的白浆。箭毒木的毒液成分是见血封喉甙,具有强心、加速心律、增加心血输出量的作用,在医药学上有研究价值和开发价值。箭毒木虽有剧毒,但其树皮厚,纤维多,且纤维柔软而富弹性,是做褥垫的上等材料。

我国箭毒木主要生长在西双版纳海拔1000米以下的常绿林中,是国家三级保护植物。

自然界还有许多利用剧毒物质防御动物的植物,如有些毒蕈(毒蘑菇)长得十分艳丽,可是人和动物并不愿意去碰它,原因是它含有剧毒,不能食用。莴苣能散发出一种刺激性的苦味,使菜粉蝶、菜青虫不敢靠近。艾叶分泌的特异气味,则有驱虫防鼠功能。苦楝子中含有一种"昆虫拒食剂",虫子不肯去吃它,即使吃了也会死。不少植物受到微生物的病菌的侵犯时,还能迅速分泌出植物防御素(又称植物抗毒素),这种黏性的抗菌物质可以使病菌失去继续入侵的能力。有的树木还能制造假氨基酸,使害虫误以为它是营养物质,其实它是有害的蛋白质,反可置害虫于死地。科学家认为,植物从生到死都能分泌这样或那样的防御物质,需要时可在几小时内迅速合成。

洋槐利用蚂蚁防天敌

非洲东部草原有许多绿叶多汁灌木，它们不仅为许多动物提供了栖息地，而且还提供给周围动物群大量的食物，包括大象、斑马等。这些动物堪称为大胃王，每天以上百千克的大食量啃食着灌木们的身体，让生态遭到严重破坏。

有一种洋槐树，却能安全越过"严冬"。它们身披长刺，让食草动物"退避三舍"，同时，又与蚂蚁组成"槐蚁联军"，成功阻止了天牛、叶蚕等害虫的侵害。

原来，蚂蚁居住在洋槐树上的刺洞中，洋槐树叶片分泌出蔗糖溶液供蚂蚁饮食。作为回报，蚂蚁就将每棵树周围的地面清扫干净，并且攻击进入清扫区域或降落在洋槐树上的其他任何动物。

◎ 洋槐

经研究发现，洋槐的尖刺也为洋槐和蚂蚁的联军大开绿灯。加拿大动物学家在1995年用一根带电的铁丝网围住六棵洋槐树，并与另外直接暴露在野外供长颈鹿、大象和其他食草动物食用的六棵洋槐树进行比较。结果发现，在没有食草动物存在（铁丝网围住的洋槐树）的情况下，洋槐树间几乎没有了虫菌穴，而且会分泌更多的蜜汁给护卫它的蚂蚁。

虽然"槐蚁联军"防守严密，也有百密一疏的时候——自然界就有一种蜘蛛能绕过蚂蚁的看守，去食用美味的洋槐叶芽。

这是一种世界上唯一的"素食"蜘蛛，名叫吉卜林巴希拉，它口味清淡，主食洋槐树叶，偶尔搭配少许蚂蚁幼虫作为配菜，成为世界第一种为人们所知的"素食"蜘蛛。吉卜林

◎ 蚂蚁食用洋槐蜜

巴希拉属于新热带跳蛛，体长5至6毫米，栖息在洋槐树上，以洋槐树叶叶端富含蛋白质与脂质的贝尔特体为主要食物来源。

吉卜林巴希拉跳蛛觅食的过程可以说是与"槐蚁联军"斗智斗勇。

蚂蚁与洋槐树已经形成共生关系。每当有掠食者入侵洋槐树，蚂蚁都会予以反击，但吉卜林巴希拉并未因此退缩。为避免与蚂蚁正面冲突，吉卜林巴希拉跳蛛一般在老树叶上觅食。但它们如果实在饥饿难耐，就会迎难而上，不惜受到蚂蚁攻击，进犯新叶。它们会伺机寻找突破口，观察蚂蚁的行动，瞄准一个蚂蚁不多的地方就开始行动。随后它们步步逼近，迅速抓起一把洋槐树叶，将它们撕碎后塞进嘴里，再逃之夭夭……最后它们选一个安全的角落慢慢享用战果。

有时这种蜘蛛还会发出化学气味，将自己伪装成蚂蚁，企图蒙混过关，"骗"取食物。吉卜林巴希拉跳蛛选择素食可能出于多种原因。热带生物之间竞争十分激烈，因此有时反其道而行之可能有利于生存，一般跳蛛无法结网捕食，只能通过追捕猎物填饱肚子，食物来源不稳定，但贝尔特体就在洋槐树上，不会随便移动，为它们提供可预测的食物来源。除此之外，由于洋槐树四季常青，产生的贝尔特体数量可观，因而对吉卜林巴希拉跳蛛有极大

吸引力。另外，与其他树木相比，洋槐树只靠蚂蚁保护，本身不会散发化学物质，让它们有机可乘。

有了吉卜林巴希拉的进犯，看来，洋槐的御敌攻略又得改进了。

跟洋槐一样雇佣蚂蚁当"保镖"的还有仙人掌。亚利桑那州的沙漠中生活着一种仙人掌，它的蜜汁能吸引四种蚂蚁。科学家在仙人掌下面放上肉和糖为诱饵，观察蚂蚁的活动，同时在附近不产生蜜汁的植物下面也放上诱饵。结果发现，仙人掌附近不管是哪一种蚂蚁都更喜欢吃肉。研究人员将实验室里培养的毛虫放在仙人掌上，发现攻击毛虫最凶的正是那些对肉表现出最强烈兴趣的蚂蚁。随后，研究人员结合蚂蚁的数目和攻击毛虫的凶猛程度，来衡量一棵植物上的蚂蚁对昆虫的威胁性。结果发现，这棵植物上的"蚂蚁军团"威力越强，植食性昆虫就越少，表明植物的蜜汁使蚂蚁变成了能力更强的"保镖"。

腐蚀植物——塔克里纳克迷魂香

植物的防御本领叫人称绝。大自然还有一种植物，专门进攻动物，用人和动物的腐烂物作食物，叫人闻之色变。

这种植物名叫塔克里纳克迷魂香，原产于地中海，是变异鼠尾草的一种，经过几百年的神秘进化，后流落到南美洲，成为一种致命的腐食性植物。经考证，塔克里纳克迷魂香并不像传说中杀人树那样将整个猎物吞噬，而是只能消化腐烂在泥土中的养分。迷魂香发出的独特气味中含有大量具有麻醉作用的莨菪胺，可以令围困其中的动物逐渐丧失神智，甚至神秘地死去。当其他肉食性昆虫一点点将这些猎物吞噬完之后，迷魂香才汲取渗透在泥土里的血液和腐肉……

　　2005年，美国宾夕法尼亚大学生物学教师尼尔森来到位于南美沿海美丽岛国加勒比的巴巴多斯进行生物考察，就与塔克里纳克迷魂香进行了一场生死较量。在一个不知名的小岛上，他们闻到了一种好像烤薯条的异香。不多久，大家就发生了哮喘症状，然后便是一阵阵轻微的恶心，最后头重脚轻，产生了幻觉！这时，尼尔森突然想起几年前的一位当地土著人曾经告诉过他：在这个与世隔绝的小岛上有一种神秘而邪恶的毒草，会散发出十分奇异的香气。这种香气可以让较长时间吸入的动物逐渐失去神智，出现各种幻觉直到最后昏迷，甚至一旦当香气达到一定浓度时，会诱发动物体内各种致命病症。就算是最雄壮的公牛，吸了这种草的香气后，15个小时后也一定会昏迷过去。当地人把这种草称为迷魂草。

　　想到这里，凭借自己的生物学知识，尼尔森让大家找出了橙子和咖啡豆。他们剥下橙子的皮，再用三块手帕将这些橙子皮里三层外三层地包裹起来，然后牢牢绑缚在一起，做成了一个用橙子皮做过滤器的厚大口罩，最后再将这个口罩严严实实地绑在自己的口鼻上，只在口罩周围留下一些微小的缝隙。橙子皮是一种刺激性较强的水果外皮，并且具有比较好的过滤性，咖啡豆也对人体有特殊的兴奋作用。果然，一个多小时之后，大家的症状得以平缓。

◎ 塔克里纳克迷魂香

塔克里纳克迷魂香散布在草原的各个角落里，是一种多年生草本植物，植株呈丛生状，叶长椭圆形，叶色灰绿，香味特别，刺鼻浓郁。夏季开花，呈淡紫色。

镜头四

生存大战

植物界为了扩大地盘、争夺养分、防御敌人，硝烟一刻也没有停止。同样，为了适应恶劣的自然环境和气候，植物们也每时每刻都在进行着无声的战争。它们有的施用"美人计"骗取动物传粉，有的"自毁形象"求生，有的则采取"苦肉计"自残保命……本组镜头中，你会感受到植物不屈不挠的精神，也会领略到植物的智慧……

泡桐树的生存之道——寒冬落叶

深秋时节，阳光依旧保留着秋日的温暖，却抵挡不住深入腹地的寒冷。漫步林间，突然看见一排高大的泡桐正在落叶。那些青黄相间的叶片，从树枝上纷纷跌落下来，飘然落地，随着微风翻动着，如同湖水一般，掀起一道道涟漪。

在所有的树木之中，泡桐似乎最先感知秋的到来。一入秋，泡桐就急不可耐地率先变化了叶片的颜色，用叶子上的一抹苍黄来向人们告知季节的轮转。跟随着秋天的脚步逼近，它很快就从绚烂的亮丽，转入到日薄夕暮的苍凉。随着越来越激烈的北风，没有一点血色的叶片，纷纷辞别枝头，扑向了大地，剩下光秃秃的树枝，在寒风里摇摆、震颤。

泡桐为什么早于其他植物落叶呢？这得从泡桐叶片的特色说起。泡桐树干挺拔粗壮，树冠巨大如伞，树高可达 30 米。它生长迅速，仅几年时间，一棵小树苗就可长成参天大树。泡桐树神速的生长速度得益于它薄大、青绿的叶片。泡桐叶叶柄长达 12 厘米，叶片长达 20 厘米，可说是乔木中的"叶中之王"。宽大的叶片成为泡桐从空气中争夺养分的得力干将。但物极必反，入秋后，天气渐冷，阳光、日照逐渐缺少，树木进入了冬眠期，泡桐树的大叶片此时便成了它的负累——宽大叶片强大的蒸腾作用让泡桐树无力支撑。思虑再三，泡桐树只得忍痛割爱，先别的树木一步，将这些叶片脱落了。

秋冬之季，植物进入冬眠期，为什么要落叶呢？科学家们进行了研究。发现落叶是由于有性生殖耗尽植物营养所引起的。不少试验都证明，把植物的花和果实去掉，就可以延迟或阻止叶子的衰老。随着研究工作的逐步深入,现在知道,在叶片衰老过程中蛋白质含量显著下降,核糖核酸含量也下降,叶片的光合作用能力降低。在电子显微镜下可以看到,叶片衰老时叶绿体被破坏。这些生理变化和细胞学的变化过程就是衰老的基础,叶片衰老的最终结果就是落叶。

从形态解剖学角度研究发现,落叶跟紧靠叶柄基部的特殊结构——离层有关。在显微镜下可以观察到离层的薄壁细胞比周围的细胞要小,在叶片衰老过程中,离层及其临近细胞中的果胶酶和纤维素酶活性增加,结果使整个细胞溶解,形成了一个自然的断裂面。但叶柄中的维管束细胞不溶解,因此衰老死亡的叶子还附着在枝条上。不过这些维管束非常纤细,秋风一吹,它便抵挡不住,断了筋骨,整个叶片便摇摇晃晃地坠向地面。

说到这里,你也许要问,为什么落叶多发生在秋天,而不是春天或夏天呢?

其实,走在马路上就可以找到答案。仔细观察一下最为常见的行道树法国梧桐,你会发现,深秋时节,大多数的梧桐叶已落尽,而靠近路灯的树上,却总还有一些绿叶在寒风中艰难地挺立着。因此我们可以得出这样的结论,影响植物落叶的条件是光,而不是温度。实验证明,增加光照可以延缓叶片的衰老和脱落,而且用红光照射效果特别明显;反过来,缩短光照时间,则可

◎ 叶落后春天再开花的泡桐树

以促进落叶。夏季一过，秋天来临，日照逐渐变短，是它在提醒植株——冬天来了。

经过艰苦的努力，科学家们找到了能控制叶子脱落的化学物质，它就是脱落酸。脱落酸能明显地促进落叶，这在生产上具有重要意义。比如在棉花的机械化收割中，碎叶片和苞片掺进棉花后严重影响了棉花的质量，因此在收割以前，人们先用脱落酸进行喷洒，让叶片和苞片完全脱落，保证了棉花的质量。还有一些激素的作用正好相反，赤霉素和细胞分裂素则能延缓叶片的衰老和脱落。

但是还有很多问题在等待我们不断去探索，去研究。也许有一天，一夜秋风以后，推开窗户，人们见到的还是满园的绿色。

跟泡桐树一样冬季落叶的植物还有很多，如椿树、楠树、悬铃木、银杏、合欢、枫杨、国槐、木槿、紫薇、垂柳、朴树、无花果、白玉兰、鹅掌楸、腊梅、紫叶李、梅花、桃树、樱花等，这大都与它们适应环境和气候有关。

·小贴士·

落叶植物：是植物学中一个常见名词，与常绿植物相对，在一年中有一段时间叶片将完全脱落，枝干将变得光秃秃的没有叶子。落叶性出现的原因与季节及气候有明显关系。由于在秋冬季节温度一般较低，气候亦较干旱极易有缺水情况，致使植物生长停止，叶全部脱落，于翌年再长出嫩叶。除了于热带及部分温带地区生长的物种较多为常绿性外，其余植物皆为落叶性或半落叶性。半落叶性表示植物同样受秋冬季节气候影响导致生长抑缓，其叶则有部分脱落。

光棍树叶片退化求生

在非洲的东南部,有一种非常奇异的树,它无论春夏秋冬,枝条总是光秃秃的,全树上下没有一片绿叶。当地人叫这种树为光棍树。

光棍树没有叶子,靠什么来制造养分,维持生存呢?原来,它与故乡的生活环境进行了一场"生存大战"——大搞叶片退化术。

东非和南非长年气候炎热,干旱缺雨,蒸发量大。原来有叶子的光棍树越来越难适应当地生存气候。为了活命,光棍树只得将叶子越变越小,并逐渐消失。没有了叶子,光棍树就可以减少体内水分的蒸发,避免了被旱死的危险。虽然没有了绿叶,但光棍树的枝条里含有大量的叶绿素,能代替叶子进行光合作用。

光棍树属大戟科灌木,高可达 4 至 9 米,因它枝条碧绿,光滑,有光泽,人们又称它为绿玉树。光棍树的白色乳汁有剧毒,观赏或栽培时需特别小心,千万不能让乳汁伤人。另有实验表明,光棍树乳汁中含大量碳氢化合物,是种很有希望的石油植物。

像光棍树一样大搞叶片退化术的植物还有木麻黄、梭梭树和假叶树等。

木麻黄原产澳大利亚和太平洋的岛屿上,是常绿乔木,株高可达 20 米。它的小枝细软多节,在每个节上轮生着极退化的鳞片状叶 8 至 10 枚。

◎ 梭梭树

枝条内含有叶绿素,呈灰绿色,能代替叶子进行光合作用。由于这些细软的小枝看上去样子很像松树的针叶,所以人们又叫它驳骨松。木麻黄喜光、耐旱、抗风、生长快,对土壤要求也不严格,我国广东、福建沿海多用它来营造防护林。

梭梭树是一种生长在沙漠中的多年生灌木,它没有叶子,用多节的肉质嫩枝进行光合作用。根系扎得很深,它有顽强不屈的抗旱抗沙本领,即使被沙埋没了,也能拼命地钻出沙面。因此它能阻挡沙漠的蔓延,固定风沙。

在阿拉伯半岛西南部有一种奇特的树,树干呈灰褐色,自基部二叉分枝,树顶开满了粉红色的花朵,却几乎看不到一片树叶,所以人们给它起了个大天宝花的美名。

最有趣的是原产欧洲的假叶树,人们看到的叶片全是假的,而真正的叶片已退化成鳞片状。当鳞片状真叶子长出不久,便从叶腋间长出扁平状的短枝(叫叶状枝),它不仅形状像叶子,而且还是绿色的,能代替叶片进行光合作用。到了开花季节,在叶状枝的中央开出淡绿色的花,不久便结出逗人喜爱的小果,果实成熟后呈红色,成为"叶上果"(实际是枝上果)的奇观。

骆驼刺"缩身强根"适应环境

在祁连山下,戈壁滩上,生存着一种西北内陆所特有的植物——骆驼刺,无论生态系统和生存环统如何恶劣,这种落叶灌木都能顽强地生存下来并扩大自己的势力范围。在一望无际的戈壁滩上,在白杨都不能生存的环境中,只有一簇又一簇的骆驼刺在阳光下张扬着生命的活力。

　　为了适应干旱的环境,骆驼刺尽量使地面部分长得矮小,同时将庞大的根系深深扎入地下。如此庞大的根系能在很大的范围内寻找到水源,吸收水分;而矮小的地面部分

◎ 骆驼刺

又有效地减少了水分蒸腾,使骆驼刺能在干旱的沙漠中生存下来。

　　骆驼草往往长成半球状,大的一簇簇直径有一两米,一般的一丛直径也有半米左右,小的星星点点不计其数,一直延伸到视线以外。据当地人说,这种植物的根系十分发达,是地表上茎叶半球的两倍甚至三倍,在春天多雨的季节里吸足了水分,可供这一丛骆驼草一年的生命之需,这为它在沙漠这样的环境中生存起到了重要作用。

　　跟骆驼刺一样,长长根系缩短身子的植物还有沙拐枣。沙拐枣为蓼科灌木,是一种固沙树木,我国西北各省荒漠地带都有分布,种类较多,约有 20 余种,其中多数为小灌木。

百岁兰自备"木盆"保命

　　沙漠在人们的眼中,自古就是蛮荒之地,寸草不生,水源枯竭,生机全无。如果植物也有灵性,相信没有任何植物会选择沙漠作为自己的生长地。

◎ 百岁兰

可是，在西南非洲的纳米比亚和安哥拉南部的沙漠里，就有一种十分珍贵的稀有植物，在这片蛮荒之地活出了光彩。它跟骆驼刺、沙拐枣等植物长根缩身子的生存绝技不同，而是自备"木盆"，一旦雨季来临，就用"木盆"储水，以备干旱之需。

这种植物名叫百岁兰。

百岁兰是世界上唯一寿命长并且永不落叶的植物，因寿命长达百年而得名。它长相古怪，茎又短又粗，高只有20至30厘米，而粗度却可达3至4米，远远看上去，好似一个大木盆。它终生只有两片叶子，长在茎的顶端，向相反的方向左右分开，宽约30厘米左右，长达2至3米，最长的可达6至7米，蜿蜒起伏地匍匐在地面上。百岁兰的叶片初生时质地柔软，为了适应炎热干旱的沙漠环境，以后逐渐变得像皮革一样又硬又厚。叶的基部不断生长，呈现绿色；而叶尖却不断变软变薄，在狂风的肆虐下，渐渐被撕裂，叶肉腐烂后，剩下的木质部变得丝丝绺绺，呈散乱扭曲状。远远望去，好似被狂风巨浪冲到沙滩上的大章鱼，因此人们又把它称为沙漠章鱼。

再来看看百岁兰的生理结构，就知道它与沙漠共存的秘诀在哪里了。当别的植物都把叶子缩小成针状(或刺)以减少水分蒸发时，百岁兰却一反常态，在夜晚有大量海雾形成重重的露水滴落下来时，通过它又大又宽的叶片吸收凝聚在叶面上的水分，再通过"大木盆"来弥补土壤中水分的不足。再加上它那又直又深的根可以吸收一些地下水，这样，在纳米布沙漠就可以找到立足之地了。

令人称奇的是,百岁兰虽然称为兰,却不是兰花,也不属于兰科,而是一种裸子植物。只是当地人们出于对兰的偏爱,送给它这样一个珍贵的称号。这也是人们对它在恶劣自然环境中创造出生命奇迹的一种赞美。

　　像百岁兰一样自备储水工具的植物还有拉氏瓜子金,不过拉氏瓜子金所备的不是"木盆",而是"瓶子"。拉氏瓜子金是生长在东南亚热带雨林中的一种藤本植物。它的茎不粗,节上一边长着椭圆形的叶片,另一边则长着气生根。但在原来长叶的地方,有时却被一种长达十几厘米的瓶状叶所代替,节上的根则一头扎进这种"瓶子"中。根扎到"瓶子"中去干什么呢?原来是为了吸水。按理说,热带雨林还缺什么水!不过,雨林中尽管降雨丰富,但也总有不下雨的时候,特别是这些挂在半空中的藤子,每当两场雨间隔稍久,就会感到干渴。这时,拉氏瓜子金就可利用在降雨时注满了雨水的"瓶子"来补充饮料,以解除干渴。

眉兰巧施"美人计"

　　说到拟态现象,人们往往认为这是动物的专利。昆虫中的竹节虫、枯叶蝶惟妙惟肖的拟态本领令人称奇,而马达加斯加岛上的爬行动物变色龙的变色术,更是随机应变的动态拟态典范。然而,博物学家多年的观察和研究结果表明,在植物界的"模仿秀"中,一些看似老实巴交、默默无闻的植物,也是模仿他类形态的拟态高手,它们通过乔装打扮和高超的演技,为自己的生存繁衍创造了条件。

　　兰科眉兰属的兰花就是典型的以拟态求繁衍的"模仿秀"世家。每当春回大地、百花争艳之际,在意大利西西里岛等地的草丛中,角蜂眉兰便不失时机地绽开朵朵小巧的花朵,静静地等待着传粉媒人的光顾。角蜂眉兰的花朵十分奇特,三枚椭圆形的萼片呈粉红色,向左右和上方展开,两枚侧花瓣呈月状,较小,夹在萼片之间,圆滚滚、毛茸茸的唇瓣上则分布着黄、棕相间的花纹图案,看上去犹如一只伸展着双翅的大肚子雌性角蜂。

说来很巧,就在角蜂眉兰花绽开不久,一些先于雌性角蜂从蛹中羽化为成虫的雄角蜂出现了。它们遵循世代相传的生命密码的指示,开始急匆匆地寻找雌性配偶,以便完成传宗接代的使命。它们在花丛中飞舞,很快就发现了被花蒂托出草丛、在轻风中摇曳的眉兰花朵。

这时,雄角蜂往往会误将一朵朵开得旺盛的花朵认为是一只头朝里、静候佳期的雌角蜂。于是便飞去降落在花的唇瓣上,用腿紧紧抱住花的毛茸茸的唇瓣两侧,张开双翅,企图携对象飞上蓝天,结果"婚飞"不成。雄蜂美梦落空,只好扫兴地孤独地飞走了。但很快,它又会被另一朵眉兰花吸引,于是求偶心切地再次降落在唇瓣上,重复上一次的动作。结果又一次上当受骗。就这样,在雄蜂被假雌蜂欺骗而反复降落起飞的过程中,眉兰花朵在唇瓣上方伸出的蕊柱正好触到了雄蜂的头部。结果眉兰的异花传粉过程,往往在雄蜂受到两朵花的欺骗后完成了:第一朵花将蕊柱的花粉块粘在雄

◎ 角蜂眉兰的花像一只大黄蜂

蜂的头上,第二朵花蕊柱上的柱头穴则接收了第一朵花的花粉块……

眉兰属在兰科大家族中,仅算得上是个"小康人

家"，只有 30 余种。它们主要分布在地中海周边地区，南欧各国，北非的摩洛哥、阿尔及利亚和突尼斯、西亚的土耳其和叙利亚等国。有些种还可向北分布到中欧和西欧。眉兰的所有种类都像角蜂眉兰那样，是靠拟态巧施"美人计"，使传粉者"欲作张生，反当红娘"上当受骗，从而为自己传粉的。虽然受骗者的家族各异，有昆虫纲膜翅目黄蜂类和蜜蜂总科的种类，以及双翅目的蝇类，也有蛛形纲的蜘蛛类，但有一点是肯定的，这些传粉者都是清一色的雄性。而其中还有一个奇特的现象，就是每一种眉兰都只模拟一种特定的传粉者。这一规律代代相传，始终如一。

空气凤梨吃空气长大

空气凤梨生长在海拔高度 100 米至 5000 米的热带和亚热带雨林或干旱的山地中，附着于树干、石头或悬崖缝隙中，有少数生长在仙人掌上。它与地生类植物最大的不同在于，它的根部没有吸收水分和养分的功能，仅仅是起到固定植株和进行少量空气交换的作用。养分和水分通过叶面上的银灰色绒毛状鳞片吸收，种植在水中或土壤中基本不能存活。

空气凤梨的大部分品种原产于中、南美洲的热带或亚热带地区，生长在平地或海拔 1000 米至 3000 米的高山区，这里干旱少雨，阳光强烈，温度变化很大，但终年都有雾气的滋润。独特的生态环境使空气凤梨有着与众不同的习性，在原产地这些植物多依附在仙人掌、石壁、朽木、电线杆、屋檐等处生长，因此种植时不需要花盆和泥土，可以把它们吊起来或粘在枯木、墙壁等物体上或放在其他浅容器里。如果盆栽，可用颗粒较粗的砾石、石子等做栽培介质，用以固定植株。

空气凤梨耐干旱、强光，其根系很不发达，有些品种甚至没有根，即便有根，也只能起到固定植株的作用，而不能吸收水分和养分。那么空气凤梨是怎么吸收水分的呢？仔细观察会发现，其叶面上有许多白色小鳞

◎ 空气凤梨

片，这些鳞片多呈盾形凹陷，空气中水分或雨水会被凹陷处的气孔截获，经薄壁细胞的空隙渗透到植株体内。通常这些鳞片中的气孔在温度较高、空气相对干燥的白天处于半闭合状态，以减少水分蒸发；等到温度降低、空气湿度增大的夜晚，则完全打开，吸收空气中的水分。

空气凤梨大部分的品种都生长在干燥的环境，小部分则喜潮湿环境。生长在热带雨林气候或其他较有湿气、林荫地区的品种的叶子具有宽阔、青绿的特征，开出的花朵较大，但花朵色彩较单调。它们以附生的方式栖息于另一种植物或树干上，时间久了，还会逐渐长出根来，借以固定植株本身，可由种子或侧芽繁殖下一代。干燥地区的品种则有完全不同的外形。其植株较小，具针叶或硬叶，通常一整丛群聚而生，借以减少水分蒸发。它们依靠叶片表面大量的绒毛体吸收雨水、露水、雾气及养分，由于它们都是由叶面吸取空气中的水分生存，其身体做出许多改变，包括贮水组织，复杂的吸水毛，减少叶数，根部退化，身体缩小，增加种子数量等。大多数较高级的空气凤梨看上去是灰白色的，由于叶面布满绒毛体所致，作用是为了反射光线、避免灼伤及预防水分蒸发。越是暴露于日光下，其绒毛也越密集。

巨型海芋自毁"形象"

　　海芋原产于南美洲,是一种多见的观赏植物,又称痕芋头、狼毒、野芋头、山芋头、大根芋、大虫芋、天芋、天蒙等。作为观赏植物,由于它会从阔大的叶片上往下滴水,加上外有一大型绿色佛焰苞,开展成舟型,如同观音坐像,所以又称为滴水观音。

　　海芋外形简单清纯, 白色的海芋更是清新柔美。海芋花的花语非常美,代表着纯洁、幸福、清秀、纯净的爱。海芋本身也代表了真诚、简单、纯洁、内蕴清秀。白色海芋送给同学、朋友,花语是"青春活力";黄色海芋送给挚友,花语是"情谊高贵";橙红色海芋象征爱情,送给心仪的人,代表着"我喜欢你"。

　　海芋还有一个传说:相传很久很久以前,有一个公主,拥有一片很美很美的大海,有白白的细沙,跳跃的海豚,却只是没有海芋。公主为了这件事哭了好久,直到有一天,公主遇见一个王子,她爱上了他。从此,这片大海充满公主银铃般的笑声。公主常常想,如果永远都如此下去,就是这片大海永远都没有海芋都是无憾的。有一天,王子要出海去寻找最美丽、最洁净的海芋植入这片大海,献给公主。公主站在细沙堆上久久矗立,日日夜夜等待着王子回来。10 年过去了,20 年过去了,30 年过去了……直到死去的那一天, 王子

◎ 巨型海芋

也没有回来。临死那天，公主仍是矗立在白白的沙堆上，一行泪滑了下来。她静静地倒下了，仍是曾经的白衣白裙，飘散的长发。第二天，这片大海边，盛开了一大片一大片白色的海芋，几乎盖住整个儿海边，公主的尸体也不见了。

从此，人们口口相传着一段美丽的传说：是公主化身成了那片海芋，盼望着王子归来。也有人说，是王子的灵魂回来了，植下了这片海芋，带走了公主。以后，人们给这片大海起了一个很美的名字——海芋花园。

只是，谁也不会想到，如此秀美的海芋，为了"养儿育女"，也有"使诈""耍手腕""自毁形象"的时候。

据英国《新科学家》杂志报道，南美洲有一种巨型海芋，花期仅短短的两个晚上。每当开花需及时"孕育"下一代的时候，这种海芋总是发出一股奇怪的腐尸气味。这种气味发生了特别效应，从开花那一刻起，就有数不胜数的食肉性昆虫来到它的花粉上忙碌。

科学家使用一种非常强大的背景光拍摄机，看到海芋开花时，会有一股烟从花心升起，宛如着火似的。接着，就有一股腐尸气味扑面而来。但这种腐尸气味是时断时续的。科学家感到纳闷：为何这种味道一会儿像死驴子一样难闻，一会儿却什么也没有了？科学家们又用红外摄像机拍下了三朵巨型海芋的影像，结果发现，一股股热量沿花而上，到达花尖时，温度高达36℃，但巨型海芋没有将蒸汽一次性释放出来，因为在释放蒸汽的同时，它还需要把体内的大部分能量蓄积起来为喷射作准备。而这种喷射和它高生长都需要巨大能耗，这也正是巨型海芋为什么花期仅仅两个晚上的原因。但有了肉食昆虫的帮忙，短短两个晚上，巨型海芋早完成了"生儿育女"的过程。

昙花"低调"示美

自然界大多的植物无不选择在白天开放花朵，以向世人展示它们亮丽的身姿。但因为生存条件的原因，也有极少数植物选择在夜间开花。

昙花便是其中之一。昙花是一种原产于热带美洲墨西哥等地的仙人掌科附生植物，别名月下美人、韦陀花。一位作家曾对昙花夜间开花之美有过一段精彩的描述："昙花开了！在海带般的绿叶坳口间，一枝娇嫩的花蕾正在微微颤动。筒裙似的花托藏不住丰腴的白玉花苞，裂成一条条淡紫带、粉红带，雪白的花瓣轻舒玉臂，花托像仙女的彩绸一样飘舞。成束成束的米黄色的花丝徐徐绽出，中间华柱似的花柱高高翘起……美丽的昙花以惊人的速度奇迹般怒放了，吐出了浓郁的馨香……"但这种美丽却短暂得令人惋惜，人们常用"昙花一现"来形容转瞬即逝的事物。

为什么会出现"昙花一现"的比喻呢？因为昙花的花虽开起来大而美丽，但白天却不开花，要在晚上八九点钟以后才开，开花时花瓣迅速展开，大小

◎ 夜间开放的昙花

接近荷花，花香四溢，但花开3至4小时后即闭合花瓣，只有等来年夏秋时节才能再睹芳容。

昙花为什么选择夜间开花呢？这得从它的原产地的气候与地理特点谈起。它生长在美洲墨西哥至巴西的热带沙漠中。那里的气候又干又热，但到晚上就凉快多了。晚上开花，可以避开强烈的阳光暴晒，大大减少水分的损失，有利于它的生存，使它的生命得到延续。于是天长日久，昙花在夜间短时间开花的特性就逐渐形成，代代相传至今了。

同时，昙花在夜间开放，还有利于它"传宗接代"。昙花释放的特殊香味以及大而白的花瓣能吸引专门于夜间活动的蝙蝠、蛾类为其授粉。白天开花的植物往往利用鲜艳的颜色——多为黄色、紫色、蓝色或红色吸引白天活动的动物传粉。夜间光线暗淡，气味就成了植物引诱传粉者的一个重要途径，此外，夜间开放的花常为白色，也便于蛾类、蝙蝠等夜间活动的动物借助月光、星光在黑暗中发现花朵。

如今，人们正在想办法促使昙花在白天开花。花卉园艺学家采用"偷天换日""颠倒昼夜"的科学办法予以实现。在昙花的花蕾长到10厘米时，每天上午7点钟把整株昙花搬进暗室里，造成无光亮的环境。到傍晚8至9点钟，用100瓦至200瓦的电灯进行人工照射，这样处理7至10天后，昙花就能在白天，即上午7至9点开放了，并能从上午一直开放到下午5点钟。值得引起大家注意的是，一般人都错把昙花的茎枝当叶子了。其实，昙花并没有叶子。人们看到的所谓叶子，实际上是它的叶状变态茎，并不是叶。昙花的茎枝呈绿色，含有叶绿素，可以代替叶进行光合作用。正因如此，昙花没有叶子，可以进一步减少体内水分的蒸发，以便适应热带干旱沙漠地区的生存环境。

跟昙花一样选择在夜间开花的植物还有待宵草、夜来香、烟草花、月光花等，这跟它们生存的自然环境有关。

豹皮花屠杀苍蝇

说到豹皮花，园艺工作者并不陌生，这类萝藦科的多肉植物，其茎和花在形态上都很有观赏价值，但美中不足的是：当它那肉乎乎、五角形、装饰以斑纹的花朵开放时，散发出的阵阵臭气实在令人不爽。因此它又被人冠以腐臭花的恶名。在一部介绍花卉的书籍中有这样一段文字提醒养花者：最好不要在面积不是很大的室内摆放这类臭花，以免其开花时污染空气。有的园艺学家还试图利用育种技术培育出不臭的豹皮花新品种，以取悦人类。但是，如果我们融入大自然，进入豹皮花的原生地，就会理解这类臭有其臭的道理。

◎ 豹皮花

在非洲南部干旱地区，生长着许多奇异的旱生植物，它们虽然隶属于大戟科、萝藦科、夹竹桃科、番杏科、百合科等许多不同的家族，但却因干旱的环境而演化出了相似的抗旱本领——营养器官的肉质多浆。有的种类还像仙人掌那样叶片退化，以茎代叶行使光合作用的功能。这其中也有几十种豹皮花的身影。

豹皮花多在气候干热的春夏之际开花，它们的花朵不仅以释放胺类、吲哚类化学物质模拟腐烂的动物尸体或粪便，而且在颜色、质地等外观上也进行模拟，有些种类的花上还生出了毛发，更像带皮的动物残骸。毋庸置疑，这些臭花的传粉者也是臭味相投的昆虫。对于一些成虫不食腐肉或粪便的喜臭昆虫，追逐臭花的目的就是为给自己即将降生的宝贝找一个不愁吃住的安身立命场所，然而事与愿违，在豹皮花的欺骗下，它们却将后代提前送进了"屠宰场"。丽蝇就是被屠者之一。

丽蝇是一类对人类有过贡献，但却过远大于功的双翅目昆虫。由于丽蝇的幼虫是嗜食腐肉者，可以在人的伤口上栖息，第一次世界大战时曾被用于救助伤员，将消毒过的丽蝇幼虫放在伤口上以去除腐败组织，防止感染。还有的医生曾用这类幼虫治疗骨髓炎和坏疽。但丽蝇的高繁殖力却会造成坏组织不够吃而转吃好组织的危害，引起受伤家畜的大量死亡。一些丽蝇还是痢疾、肝炎和炭疽病的病菌携带者。因此豹皮花屠蝇也是对人类和许多受丽蝇危害的动物的善举。如果从维护地球生态平衡的角度看，豹皮花的屠蝇行为也应该受到好评。蝇类，不论是家蝇还是丽蝇，都具有极强的繁殖能力。有人预测：如果任由一对苍蝇进行繁殖，其后代也是如此，而且它们所生后代都不夭折，一年后，这一亲族的苍蝇聚在一起，就能够形成一个直径达5400万千米的圆球，在地球和太阳之间都放不下它。当然限制苍蝇数量无限增长的因素众多，关系也极为复杂，但豹皮花"屠蝇场"的作用无疑不应被忽视。

马兜铃暗设"地牢"

马兜铃广泛生长于热带自然的野生路旁或山坡上，我国主要分布在黄河以南至长江流域以及广西一带。马兜铃中文名因它的

◎ 马兜铃

果实成熟后像挂在马颈下的响铃而得名。马兜铃是多年生缠绕性草本植物，果实称马兜铃，根称青木香，藤称天仙藤，均可药用，有清肺降气、止咳平喘、清肠消痔的功能。

在物竞天择的自然环境中，马兜铃为"传宗接代"，表现出"阴毒"的一面，它们暗设"地牢"，将摇蚊等小型昆虫变成"囚犯"，为自己完成授精传粉的过程。

马兜铃的花拥有一个由花瓣构成的花腔，花腔仅留一个狭窄的入口与一条狭窄的通道，而基部则膨大成一只瓶子的形状，花的檐部向一侧延伸成一个旗状舌片，花药和雌蕊坐落在膨大基部的中央。

当花开时，马兜铃就释放出一种类似腐肉的臭味来吸引摇蚊等小型蝇类昆虫造访。当摇蚊登陆马兜铃的旗状舌片的垂直表面时，舌片上有成千细小的蜡状颗粒，摇蚊无可退缩地就从管状颈部滑到了瓶状基部。"花瓶"的颈部生长着一连串尖端向下的细毛，这个结构让摇蚊如同在驱轴上转动，一直向下落入"瓶底"。如果某只昆虫想要退出，向下的细毛将被挤成横向排列的栅栏,如同地牢里所设的栅栏门一样,阻止"囚犯"逃出。于是,摇蚊被拘留在黑暗的"瓶底",它们在四处寻找出口的过程中,将身上携带的花粉粘到了雌蕊上。这时,雌蕊已成熟,而雄蕊的花药要等两三天后才开裂散粉。这期间,"瓶底"分泌限量的花蜜供养传粉者,"瓶壁"上有些针头大小的小孔,让"囚犯"能呼吸新鲜空气和维持一定的湿度,让它们好好活着。

几天后,花药开裂,虫体又沾满花粉,原先直立的狭窄的"通道"则倾斜成水平状态,"瓶颈"的细毛也枯萎脱落了,"花瓶"出口通道开放,被囚禁的传粉者才得以获释离开"地牢"。

虽然马兜铃是一味中草药,但从中提取的马兜铃酸却被发现有致癌和肾衰竭的副作用,如今已被法国、英国、比利时、澳大利亚、奥地利、西班牙、美国、埃及等多国禁用。

野芝麻怪花引蜜蜂

每当 5 月洋槐树开花的季节,总有许多蜜蜂的"嗡嗡"声响起。然而,这些金黄色的意大利蜜蜂并不攀上洋槐的高枝,饱餐近在咫尺的洋槐花蜜的美味佳肴,而是一心在林下的野芝麻花上盘桓。

野芝麻花强烈的苦味比洋槐花令人愉快的甜味要逊色多了,它用什么独特的方法吸引蜜蜂?莫非是蜜蜂早已对洋槐的花香厌倦了,想换换口味?

对此,科学家进行了研究,发现野芝麻花竟是利用蜜蜂永不服输的个性和强烈的好奇心,生长出一种怪异花打败了洋槐,将传粉能手——蜜蜂招来为自己"延续香火"。

野芝麻的花朵上唇像一只倒扣在花的开口上方的汤匙，似乎起着遮雨的作用，防止雨水落入；两张侧裂片对称地向内拱起，使开口变得更加狭窄，而侧裂片上的小齿和蕊柱上的茸毛都是蜜蜂进入的障碍物，下唇瓣的柔弱也不足以承担蜜蜂的重量而成为一个降落的平台。

蜜蜂先是从野芝麻花构造精巧的唇形花的开口处爬进。但花的开口太窄而花距又太长，与这种花相比，意大利蜜蜂的身材粗大而吻又太短，要从正面获取花距底部蜜管中的蜜汁是完全不可能的，于是只能在花朵上瞎忙一气。

然而蜜汁的强大诱惑力使得蜜蜂们欲罢不能，不体面的一再跌落亦未使它们放弃，相反，它们干得更起劲了。似乎丰厚的报酬已是唾手可得，只要再加一把油便可得手，而那时一切损失和消耗都将得到补偿且绰绰有余。又好像珍贵的花蜜可望又可即，就在那微凸的蜜腺距里。不！半透明的蜜腺距上那下陷而松弛的褶皱证明其中是空的、骗人的，但这醉人的蜜香却又从花朵中源源不断地释放出来，使它们眩晕迷醉，这又证明蜜汁一定在里面。对了！原来蜜汁装在空花距下面那段 3 毫米长的管子里，这段储蜜桶恰好插入坚韧的花萼中，花托就是桶底。既然无法从上面开口处进入，直接从底部下手是否可以？临近中午时，不知疲倦的蜜蜂们好像也想到这一点，它们毫不犹豫地钻到花朵的基部去。然而这蜜桶的壁不但厚实，又被花萼包住，而花萼的"长齿"和"睫毛"都使蜂吻不能接近。于是它们在长齿外围徘徊着，不时收起双翅、撅起尾部竭力将头探入花管基部，不断摇晃着花朵，

◎ 野芝麻花

◎ 野芝麻花上的蜜蜂

甚至不自量力地抱住花管,企图将整朵花从花萼中拔起来。

　　一再无效的努力未使蜜蜂们气馁。从花的开口进入已证明完全不行了,从基部直取也已无望,蜜蜂们虽然勤奋而坚毅,但毫不固执保守。它们深知自身能力的限度,深知攻坚不克便应适时放弃另图他法的道理。终于,在这些失败之后,一个唯一而绝妙的方法诞生了!它们在花距的下部,储蜜管的上方约2毫米处,探测到一个柔软的薄弱之点。吻端的感觉准确无误地告诉它这便是可以下手的地方。吻用力顶压上去,薄壁立即穿通并沿着纵向褶皱扩大成裂缝。从这个突破口将头伸入,短吻正好抵达下面管中蜜汁的液面。于是它们不再忙乱而安静下来,花蜜源源地被泵吸出来,直到枯竭,蜜蜂才满意地飞去。

树木生存有术——长圆树干

　　你若带着一台照相机,拍下成片成片的树林风姿,一定会发出疑问:"树干为什么是圆柱状,而不是三角形或方形的?"

　　其实,你如细心观察,就不难发现,在树木种类繁多的林区内,不管树种的树冠、树叶、枝条如何变化,但有一个共同点,它们

◎ 银杏树

的树干几乎都是圆柱形的。为什么？植物学家对此也进行了研究。

原来，世界上所有的生物为了生存，总是朝着对环境最有适应性的方面发展，植物也一样。树干的圆柱形是为了适应生长的需要。

圆形树干有以下三大特点。

1. 在占有材料相同的情况下，圆形具有最大的面积。圆的面积比其他任何形状的面积都来得大，如果有相同数量的材料希望做成容积最大的东西，当然圆柱形是最合适的了。自来水管、煤气管等采用圆柱状，原因即为此。

2. 圆柱形具有最大的支撑力。树木高大的树冠的重量全靠一根主干支撑，特别是硕果累累的果树，挂上成百上千的果实，须有强有力的树干支撑，才能维持生存。

3. 能防止外来的伤害。我们知道，树木的皮层是树木输送营养物质的通道，皮层一旦中断，树木就会死亡。树木是多年生的植物，它的一生难免要遭受很多外来的伤害，特别是自然灾害的袭击。如果树干有棱角，更容易受到外界的冲击伤害。圆柱形的树干就不同了，狂风吹打时，不论风卷着尘沙杂物从哪个方向来，受影响的都只是极少部分。因此，树干的形状，也是树木对自然环境适应的结果，是长期进化的结果。

莲藕"水牢"生孔

　　人如果闭上嘴巴捏住鼻子,一会儿就会感到憋得慌。如果时间久了,还会因窒息而发生生命危险,这是因为人要呼吸才能生存。植物跟我们人类一样,要呼吸才能长大。人呼吸用鼻子和嘴,植物呼吸靠叶子上的气孔。

　　陆生植物气孔呼吸还可以理解,长埋水下的水生植物又怎么办呢?

　　为了生存,适应环境,与自然抗争,水生植物自有妙招。

　　我们知道,水环境与陆地环境是大大不同的,简直可用"水牢"代称。这里温度变化缓慢,光照强度微弱,含氧量稀少,根本是环境险恶。但是,水生植物针对"水牢",硬是形成了或薄而大、或细裂如丝、或呈线状、或呈带状、或宽大透明的叶片,来适应水中生活。它们的叶绿体不仅分布在叶肉细胞中,还分布在表皮的细胞内,并且叶绿体能够随着原生质的流动而流向迎光面,这样就可以有效地利用水中的微弱光照进行光合作用了。而且,针对水中含氧量不足空气中的 $\frac{1}{20}$ 的窒息空间,水生植物还研究出发达的通气系统来。

　　水生植物的中通气系统最强的植物当推莲藕。

　　莲藕属睡莲科植物,是一种浮水植物,叶片称莲叶,花为荷花,果实为莲米,根则是我们平常的美味菜肴藕。藕微甜而脆,可生食也可做菜,而且药用价值相当高。用藕制成粉,还能消食止泻,开胃清热,滋补养性,预防内出血等,是妇孺童妪、体弱多病者上好的滋补佳珍。

　　莲藕的通气系统的原理机制是什么呢?观察一下藕的形状就

◎ 莲藕气孔

知道，藕的中心全是蜂窝状的小洞，原来，这些小洞就是它们的通气系统。小洞跟荷叶梗连在一起，荷叶梗中间是空的，长长的管儿一直通到荷叶里头。荷叶上又有许多气孔，这些气孔就像人的鼻子和嘴一样，通过荷叶的气孔、荷叶梗和藕的小洞洞呼吸，慢慢地藕就会长大。莲藕的这种空腔结构不但能供应自身生命活动的需要，还能调节在水中的浮力。

同样，跟藕一样具有发达通气系统的水生植物还有金鱼藻，只不过，莲藕的通气系统是开放型的，金鱼藻的通气系统则是封闭型的。金鱼藻体内可贮存自身呼吸时释放的二氧化碳，以供光合作用的需要，同时又能将光合作用所释放的氧贮存起来，以满足呼吸时的需要。

·小贴士·

水生植物：能在水中生长的植物，统称为水生植物。陆生植物为了从土壤中吸收水分和养分，必须有发达的根部。为了支撑身体，便于输送养分和水分，必须有强韧的茎。根与茎都有厚厚的表皮包着，防止水分的流失。水生植物四周都是水，不需要厚厚的表皮来减少水分的散失，所以表皮变得极薄，可以直接从水中吸收水分和养分。如此一来，根也就失去原有的功能，水生植物的根不发达。有些水生植物的根，功能不在吸收水分和养分，主要是作为固定之用。广义的水生植物包括所有沼生、沉水和漂浮的植物。依据植物旺盛生长所需要的水的深度，水生植物可以进一步细分为深水植物、浮水植物、水缘植物、沼生植物和喜湿植物。根据水生植物的生活方式，一般将其分为以下几大类：挺水植物、浮叶植物、沉水植物和漂浮植物以及挺水草本植物。

雪莲甘做"三寸丁谷树皮"

在我国古代四大名著之一的《水浒传》中，有一个人称"三寸丁谷树皮"的武大郎，他不但样貌奇丑，还又矮又矬，是出了名的丑人。现在常用"三寸丁谷树皮"比喻那些相貌有缺陷的人。

青藏高原的雪莲，为了适应高寒气候，竟也甘做"三寸丁谷树皮"，伏地生长，不将自己的艳丽姿色向世人炫耀。一千多年前，唐代边塞诗人曾经这样吟唱雪莲："耻与众草之为伍，何亭亭而独芳! 何不为人之所赏兮,深山穷谷委严霜?"道尽了雪莲孤傲不与众花为伍的冰傲气概。

雪莲是菊科凤毛菊属雪莲亚属的草本植物。它生长在海拔4800米至5800米的高山石坡以及雪线附近的碎石间,有通经活血的功效。由于生长环境特殊,雪莲三到五年才能开花结果,是一种难以人工栽培的名贵中药材。

青藏高原素有"世界屋脊"的称号,这里终年寒风呼啸,滴水成冰,即使夏天也是一片冰雪世界。然而,雪莲却能傲霜斗雪,孤独地生长在高原的悬崖峭壁上,以它十多张大苞叶以及一片片花瓣来呵护着中央的紫红色鲜花。

雪莲的成长跟它甘做"三寸丁谷树皮"的"低调"处世原则有关。长期生活在冰天雪地中,雪莲早练就了一套出色的抗寒本领。它的"个子"不高,仅15厘米至25厘米,一般压低姿态,垒身贴地生长,这样就能抵抗高山上的狂风。

雪莲长有一身厚厚的白色茸毛,这些宛若棉球的白茸毛棉毛交织,形成了无数的"小室"。"室"中的气体让它保持体能,免使机体遭到外界强烈辐射的伤害。另外,密集于茎顶端的头状花序,常被两面密被长棉毛的叶片所包封,犹如穿上了白绒衣,以保证在寒冷的高山环境下传宗接代。

雪莲的这种适应高山环境的特性是它长期在高山寒冷和干旱的条件下形成的。由于雪莲的细胞内积累了大量的可溶性糖、蛋白质和脂类等物质,能使细胞原生质液的结冰点降低,当温度下降到原生质液冰点以下时,原生质内的水分就渗透到细胞间隙和质壁分离的空间内结冰。而原生质体逐渐缩小,不会受到损害。当天气转暖时,冰块融化,水分再被原生质体所吸收,细胞又恢复到常态。奇特的高山植物——雪莲就是靠这种抗寒特性,生存于高

◎ 高原雪莲花

寒山中。

雪莲在生长期不到两个月的环境里,高度却能超过其他植物的五到七倍,它虽然要五年才能开花,但实际生长天数只有八个月。这在生物学上也是相当独特的。

另外,雪莲的生存绝招还有一招"隐身术",它为了防御敌害,采取隐藏躲避的方法,干脆在冰天雪地的时候才开花,人和动物一般不会在这种严酷条件下去伤害它,这就便于它的生存了。莲藕、荸荠、芋头等植物也会"隐身术",它们将根茎隐藏地下,露在地面的只是一些叶子,即使被吃掉,也无伤大局,不会影响生存。

· 小贴士 ·

青藏高原植物:青藏高原植物种类十分丰富,据粗略估计高等种子植物可达 10000 种左右,如果把喜马拉雅山南翼地区除外也有约 8000 种之多。但是高原内部的生态条件差异悬殊,植物种类数量的区域变化也十分显著。如高原东南部的横断山区,自山麓河谷至高山顶部具有从山地亚热带至高山寒冻风化带的各种类型的植被,是世界上高山植物区系最丰富的区域,高等植物种类在 5000 种以上。而在高原腹地,具有大陆性寒旱化的高原气候,植物种类急剧减少,如羌塘高原具有的高等种子植物不及 400 种,再伸进到高原西北的昆仑山区,生态条件更加严酷,所采到的植物种类也只有百余种。高原北部的柴达木盆地虽然海拔高度低至 3000 米上下,但气候极端干旱,盆地内种子植物约 300 种,加上周围山地,种类可在 400 种以上,至于新疆和西藏交界的阿克赛钦和青海柴达木盆地西北部则出现大面积裸露的无植被地段,所能找到的植物种类就更少了。整个高原地区植物种类的数量是东南多、西北少,呈现出明显递减的变化趋势。

睡莲"关门睡觉"有玄机

在热带和寒带的各种池沼或湖泊中,我们常常看到一些外形酷似荷花,却跟叶子和花挺出水面的荷花不一样的植物,它们的叶子和花静静地漂浮在水面上,宛如睡觉一般。这就是因昼舒夜卷而被誉为"花中睡美人"的水生植物——睡莲。

睡莲又称子午莲、水芹花,为多年生水生植物,是水生花卉中的名贵花卉,而且用途很广,可用于食用、制茶、切花、药用等。

睡莲曾引起科学家及植物爱好者的广泛兴趣。原来,睡莲总是白天开花,晚上关闭花门睡觉,到了早上又将花门打开。

最早探讨植物"睡觉"的人是英国著名生物学家达尔文,他断定植物"睡觉"是为了保护叶片抵御夜晚的寒冷。20世纪60年代,科学家们又推出月光理论,认为植物"睡觉"能使植物尽量少地遭受月光的侵害,因为过多的月光照射,可能干扰植物正常的光周期感官机制,损害植物对昼夜变化的适应。再后来,科学家又发现,有些植物"睡觉"并不受温度和光强度的控制,而是由于叶柄基部中一些细胞的膨压变化引起的。

◎ 睡莲

但科学家们提出的一个又一个观点,都未能有一个圆满的解释依据。

正当科学家们感到困惑的时候,美国科学家恩瑞特进行了一系列有趣的新的实验,提出了一个新的解释。他用一根灵敏的温度探测针在夜间测量多种植物叶片的温度,结果发现,呈水平方向(不进行睡眠运动)的叶子温度,总比垂直方向(进行睡眠运动)的叶子温度要低1℃左右。恩瑞特认为,正是这仅仅1℃的微小温度差异,成为阻止或减缓叶子生长的重要因素。因此,在相同的环境中,能"进入梦乡"的植物生长速度较快,与其他"失眠"的植物相比,它们具有更强的生存竞争能力。

看来,睡莲的"沉沉入睡",也是适应自然的一种生存方式。

能"睡觉"的植物还有很多,如花生、大豆、酢浆草、红花苜蓿等,都会在早晨出太阳时舒展叶片,随夜幕降临而"关门入睡"。

杜鹃花充当"清洁工"

在白令海峡积雪覆盖的海岸上,有一种奇特的杜鹃花,它简直就是神话中的奇花,爱美,又有"洁癖",开花时总是自己充当"清洁工",把身边的积雪"打扫"得干干净净,以"一枝独秀"傲然于世。原来,这种杜鹃花是一种温血植物,它的花朵能吸收太阳光的热能,再把热散发出去,使身边的冰雪消融,吸引虫子前来授粉。

众所周知,植物的体细胞呼吸是会产生热量的,只有维持一定的温度,到了冬天,植物体细胞才不会结冰,才能安全越过严冬。但北极的杜鹃花不是自产热量,而是开花时才产生热量,这是一种独特的本领。

科学家给温血植物下了一个定义:无论外界环境如何,植物花朵的温度总是保持恒定温度的植物,就称为温血植物的代表有葛芋花,它的温度约38℃,当外界气温达20℃时,葛芋花的温度还是维持在40℃左右。这种恒温让葛芋花的花朵成了一个微型小环境,吸引大量昆虫在此"小住",大大提高了授粉率。

温血植物中还有一种名叫羽裂蔓绿绒的植物,它的恒温能力也堪为称奇。羽裂蔓绿绒的花朵温度始终保持在30℃至36℃之间。有人在实验室里将环境温度降为4℃,羽裂蔓绿绒的花朵温度仍然能保持30℃至36℃之间。

而另一种植物臭菘也很奇特,它能够在大雪纷飞的日子给自己构建一个"小暖房"。实验表明,当环境温度降为9℃时,臭菘花朵内的温度要比外界高15℃,而环境温度降为-15℃时,它花朵内的温度甚至可以比外界高30℃。这种能力甚至超过了许多哺乳动物。

还有一种分布非常广泛的红千叶莲花,研究人员测定,即使环境温度低至10℃,它的花朵温度还能保持在30℃至36℃。

温血植物的恒温有什么好处呢? 对此,科学家做了研究。原来,温血植物由于高温的原因,一般都能发出一种腐尸的气味,对喜爱尸体的昆虫而言,十分具有吸引力,一见到它,恨不得马上钻进去瞧个究竟。有些准备要进去的昆虫,身上已经带了花粉,它们原本是希望在花朵底部发现充满水分的腐肉以方便自己产卵的。当它们在花朵里搜寻腐肉的同时,它们身上携带的花粉也就落在雌蕊上。花朵中间的幅状物阻挡它们出去,天色暗了,它们也就陷在里面了。等到天亮,雄蕊成熟开始吐出花粉,而幅状物也开始萎缩,此时昆虫才可以离开,同时也替葛芋花完成了传粉。

◎ 羽裂蔓绿绒

原来,温血植物的产热能力都是为了在残酷的自然竞争中存活下来,生存很残酷,方式却很精彩。

大自然中温血植物大约有几百种,分别属于十多个科。

胡杨自带"排盐机"

在我国西北干旱地区、东部黄淮海平原、三江平原以及部分高原地区,分布着大约 9913 万公顷的盐碱地。远远看去,盐碱地黄白相间,草木稀零,一片荒茫。大量无机盐"虎视眈眈",群聚于此,阻止着各种植物的生长发芽。据测定,重盐碱地植物的出苗率不到 50%,轻盐碱地植物的出苗率也仅 80% 左右。网络语将盐碱地形容成"一毛不拔"或"秃头",盐碱地的危害由此可见一斑。

然而,在这样一种草木凋零的蛮荒之地,却有一种植物"异军突起",郁郁葱葱,给人带来喜色。它,就是自带"排盐机"的胡杨。

胡杨,又称胡桐、英雄树、异叶胡杨、异叶杨、水桐、三叶树等,是杨柳科杨属胡杨亚属的一种植物,常年生长在沙漠中,耐寒、耐旱、耐盐碱、抗风沙,有很强的生命力,胡杨也被人们誉为"沙漠守护神",是一种神奇的植物,千百年来,它们毅然守护在边关大漠,守望着风沙。

◎ 胡杨

胡杨是第三世纪残余的古老树种,在六千多万年前就在地球上生存,在古地中

海沿岸地区陆续出现，成为山地河谷小叶林的重要组成部分。在第四世纪早、中期，胡杨逐渐演变成荒漠河岸林最主要的建群种。我国主要分布在新疆南部、柴达木盆地西部、河西走廊等地。生在我国塔里木盆地的胡杨树，刚冒出幼芽就拼命的扎根，在极其炎热干旱的环境中，能长到30多米高。当树龄开始老化时，它会逐渐自行断脱树顶的枝杈和树干，最后降低到三四米高，依然枝繁叶茂，直到老死枯干，仍旧站立不倒。胡杨被人赞誉是"长着千年不死，死后千年不倒，倒地千年不朽"的英雄树。在额济纳旗，关于胡杨有另一种说法："生而不死一千年，死而不倒一千年，倒而不朽一千年，三千年的胡杨，一亿年的历史"。

据统计，世界上的胡杨绝大部分生长在中国，而中国90%以上的胡杨又生长在新疆的塔里木河流域。目前，新疆沙雅县拥有面积达366.22万亩天然胡杨林，占到全国原始胡杨林总面积的四分之三，被中国特产之乡推荐及宣传委员会评为"中国塔里木胡杨之乡"。2008年，还被上海大吉尼斯授予"最大面积的原生态胡杨林"称号。

胡杨为何能在高度盐渍化的盐碱地上茁壮成长呢？这得益于胡杨自带的"排盐机"。胡杨的细胞透水性较一般植物强，它从主根、侧根、躯干、树皮到叶片都能吸收很多的盐分，并能通过茎叶的泌腺排泄盐分，当体内盐分积累过多时，它便能从树干的节疤和裂口处将多余的盐分自动排泄出去，形成白色或淡黄色的块状结晶，称胡杨泪，俗称胡杨碱。当地居民用来发面蒸馒头，因为它的主要成分是小苏打，其碱的纯度高达57%至71%。除供食用外，胡杨碱还可制肥皂，也可用作罗布麻脱胶、制革脱脂的原料。

一棵成年胡杨树每年能排出数十千克的盐碱，胡杨堪称"拔盐改土"的"土壤改良功臣"。胡杨枝繁叶茂，独领大漠瀚海风骚，是大自然独钟的奇迹。

除了胡杨自带"排盐机"外，盐碱地的抗盐植物还有沙枣、滨柃、白榆、白柳、白蜡、紫穗槐、水曲柳、怪柳、枸杞、梭梭、臭椿等，它们跟胡杨一样，也能通过排汗的方式，将树体内的盐分排出去。

盐角草苦练"忍功"

　　世上还有一种植物，它的"忍盐功"可以说达到了登峰造极的地步，胡杨、柽柳与之比较起来，只能是"望草兴叹"。这种植物名叫盐角草，生长在我国西北和华北的盐土中，有人把它的水分除去烧成灰烬，结果分析，干重中竟有 45% 是盐分，而普通植物的盐分一般不会超过干重的 15%。

　　盐角草一般生长在含盐量高达 0.5% 至 6.5% 的高浓度潮湿盐沼中。它不长叶子，是一种肉质植物，茎的表面薄而光滑，气孔裸露出来，是地球上迄今为止报道过的最耐盐的陆生高等植物种类之一。由于显著的摄盐能力和集积特征，盐角草已被农业专家作为生物工程的手段，用于盐碱地的综合改良。

　　盐角草的生存绝招是与它"苦练忍功"分不开的。盐角草生在盐碱地里，只好认命。它没有抗盐植物的排盐本领，只有"逆来顺受"，以忍生存了。终于，功夫不负苦心人，盐角草"忍功"见效，它把吸收来的盐分集中到细胞中的盐泡里，不让它们散出来，久而久之，过多的盐竟不能伤害到它，并且盐角草还能照样若无其事地吸收水分。

◎ 盐角草